中华青少年科学文化博览丛书·科学技术卷 >>>

图说活跃的金属小将——钛 >>>

中华青少年科学文化博览丛书·科学技术卷

图说 >>>>

活跃的金属小将
——钛

吉林出版集团有限责任公司 | 全国百佳图书出版单位

前　言

　　亲爱的少年读者，你认识稀有金属钛吗？可不要以为钛是科学技术上的新发现，其实比较纯的钛早在100多年以前就被人们提炼出来，而第一次得知钛的存在则是1791年的事儿。除了钨、铝、锆之外，钛就是最早被人们认识的稀有金属了。

　　那么，钛究竟有哪些特性，又应用在哪些方面呢？

　　从外形上看，钛很像钢铁，也具有银灰色光泽，但是，它和钢铁相比，具有很多优异性能。比如，重量轻，比重是4.5，比钢几乎轻一倍；熔点比钢铁高，是1668摄氏度；强度大，特别是往钛里面加进一些其他金属，制成合金。这种合金不仅强度大，而且既耐高温，又耐低温，在摄氏零下253度到零上500度之间，都具有很高的强度。钛还有一个很大的优点，就是耐腐蚀性强，对大多数酸、碱、盐都具有很强的耐腐蚀能力。

　　由于钛具有上面说的这些优异性能，所以使钛成为一种发展快、用途广、收效大的金属。它广泛应用在航空、宇宙航行、航海舰艇、常规武器的制造和石油化工、纺织、冶金、医药卫生等方面。所以有人把钛叫做活跃的金属小将，是有一定道理的。

　　目前，钛仍然比不锈钢贵2～3倍，但是使用寿命一般比不锈钢要提高10倍以上。这就是说，使用钛材一次投资是贵了些，可是由于使用时间长，终究还是经济的。所以，钛的应用范围和使用量都在逐年增加。特别是随着工业的发展，科学技术的进步，钛的冶炼技术和工艺流程的改进和提高，成本逐步下降，产量和应用范围必然会进一步扩大。

　　预计在不远的将来，钛将会像钢铁、铜、铝一样，成为我们日常生活中必不可少的一种金属。

目 录

目录

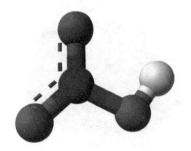

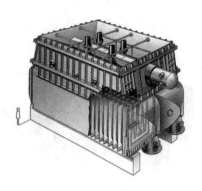

第 1 章

金属钛及钛资源介绍

一、金属钛的发现

　　1791年，英国的格列高尔牧师在康瓦尔郡门拉陈教区的山谷中找到一种黑色矿砂，砂质黑色，好像黑火药一样，颗粒大小参差不齐，形状也不一致，黑砂里混有白砂，白砂比黑砂好看，这就是今天称为钛铁矿的矿石。这种矿石经格列高尔分析，结果是：磁铁矿43%，氧化硅5%，棕色矿渣45%，消耗量7%。

　　他把棕色矿渣溶于硫酸得到黄色溶液，在黄色溶液中加入金属锌、锡、铁等，溶液即转变为紫色。由此看来这种矿石是一种新矿石，其中含有一种新金属，当时他把这种金属叫做门拉陈金属。

　　1795年，马丁·克拉普罗特分析了匈牙利的布伊尼克地区出产的金红石，认识到它是一种新金属的氧化物，其性质与格列高尔发现的门拉陈金属的性质很相似，并把这两种新元素的氧化物称为氧化钛。钛是由希腊神话中大地神的长子太旦斯的名字而命名的。

氧化钛

氟钛酸钾

以后，克拉普罗特、路斯、沃克兰等人，都想制取金属钛，终因冶炼困难都没有获得成功。

1822年，武拉斯顿在麦特·塔德维尔铁厂的铁渣中，找到一块立方晶体，证明了其中含有钛，而误认为是单质钛。直到1849年，维勒证实了它不是纯净的金属单质，而是一种钛的氮化物与氰化物的混和物。

1825年，贝采利乌斯用钾来还原氟钛酸钾，制得不纯粹的金属钛粉。因为他所得到的黑粉，表面看来虽有金属的性质，但不能溶于氢氟酸中，证明其中所含的金属钛是极少的。

1849年，维勒和德威尔两人重新利用贝采利乌斯的方法来制取钛，反应时并注意到了盖好氟钛酸钾，避免与空气接触，结果所得的金属也不是纯净的，仍杂有氮化物，于是他们又将钾与氟钛酸钾放在小坩埚中，通过氢气流加热反应，这时制得的黑粉放在显微镜下观察，虽有金属光泽，但在以后发现仍夹有杂质。

1887年，尼尔孙与柏特孙两人在一个不透气的钢筒中用钠还原四氯化钛，结果得到了95%的金属钛；以后穆瓦桑在电炉中制得了含碳2%的金属钛。

1910年，美国的罕特用纯净的氯化钛和钠，在一升容积能耐4万千克压力的钢筒中加热，猛烈反应后，将所有的氯化钠用水洗去，得到了纯度为99.9%的金属钛。这时制得的金属钛可以锻打，但还不能抽丝。

从发现钛到第一次制得金属钛，前后经历了漫长的120年。这说明了提炼钛是很困难的。

氢化钛粉

格列高尔

格列高尔，1732年生于康瓦尔，曾在布里斯托尔及剑桥读书，后来，曾在很多地方当律师。他在学习中，各科成绩都很好，尤其是数学和天文学，他对矿石很有兴趣地去研究，对矿石分析技术也极为熟练。他曾是康瓦尔皇家地质学会的创办人，又是这个学会的名誉理事长。他曾经分析过碳酸铋、黄玉、银星石、铀云母及砷酸铅等各种矿石。此后又分析了门拉陈的矿砂，从中发现了一种新元素钛。

格列高尔早年患病，后患肺结核，经过长期痛苦，于1817年3月11日在克里德逝世，时年55岁。

二、不稀有的稀有金属

顾名思义，稀有金属是稀有的，但是也不尽然，钛就是一种并不稀有的稀有金属。

钛在地壳里的储藏量非常丰富。据科学家们估计，它在地壳里的含量是地壳重量的千分之四还要多一点儿，在所有元素中含量居第10位，在金属大家庭的成员中仅次于铝、铁、钙、钠、钾、镁而排第7。比我们大家所熟悉的铜、铅、锡、锌、镍、铬的含量的总和还要大10倍左右。钛的分布也很广泛，在矿石、砂粒、粘土、煤、石油、植物、天然水中都含有，就是从天上掉下来的陨石中也含有钛，这说明在地球以外的天体里也有钛。看来钛不仅含量多且分布也非常广，所以人们就称它为不稀有的稀有金属。

钛矿石

有的同学也许会问，钛在地壳里含量既然这么多，那为什么还是把它称为稀有金属呢？

这是有它的历史情况和现实原因的。我们知道，早在1791年在分析矿石的时候，发现了钛元素，我们又知道金属钛这个元素在高温时非常活泼，能够跟氧、氮、氢、碳等元素化合生成相应的化合物，特别是与氧的结合能力更强，生成非常稳定的氧化物。所以钛几乎都是以氧化物形式存在于自然界中。因此钛虽然被发现得很早，但是长期以来就是没有办法制得金属钛。

又经过了100多年，才有人想出了一个办法来制取金属钛。这就是在高温下用氯气把二氧化钛中的氧置换出来，变成四氯化钛，再把四氯化钛在高温条件下用金属钠进行还原，从而得到了金属钛。不过，当时它还只是实验室中的珍品。真正在工厂里大规模地生产金属钛，那还是在20世纪50年代的事，到今天，也才仅仅有60多年的历史。另一方面，金属钛的性质、用途和生产方法等都和其他稀有金属相类似。所以为什么把钛划归在稀有金属行列里就不难理解了。

目前已发现含钛矿物有100多种，除金红石外，其余的都是和别种矿物共生在一起的。含钛矿物虽然很多，但在工业上用作生产金属钛，或二氧化钛的只有几种，如金

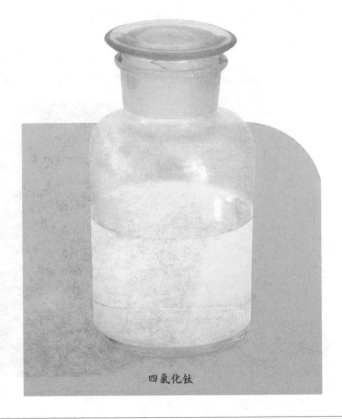

四氯化钛

红石、钛铁矿、白钛矿等。金红石实际上就是纯的二氧化钛,一般含二氧化钛在95%以上;白钛矿含二氧化钛70%～92%;而钛铁矿含二氧化钛较低,一般为35～60%。金红石是理想的生产金属钛或二氧化钛的原料,但在地壳中储量较少,且只集中在少数几个国家里。这些年来由于大量的开采与使用,储量已剩不多。钛铁矿虽然含二氧化钛量较少,但它的储量非常大,是今后生产金属钛和二氧化钛的主要原料来源。

金红石

钛的性质

钛及钛合金具有一系列特点,如它的密度小、比强度高、耐热性能好、耐低温的性能也好,它具有优良的抗蚀性能,并且它的导热性能差、无磁、弹性模量低,但是它具有很高的化学活性。已发现钛有13种同位素,其中稳定同位素5个,其余8个为不稳定的微量同位素。

第 1 章
金属钛及钛资源介绍

三、金属钛的"怪脾气"

钛的用处很广泛，但是它的生产方法十分复杂，成本很高。钛的主要矿石是钛铁矿，它们的价格跟钢铁差不多，但是炼成金属以后却比银子还贵。

原来钛有一种"怪脾气"，就是非常容易和氧气、氮气化合，在生产过程中绝对不许碰到空气。因为空气的主要成分是氧和氮，它只要吸收了千分之几的氧和氮，就会发脆，变得毫无用处了。

钛铁矿

海绵钛

因此，冶炼钛的过程，都要在密封得很好的容器中进行。容器里的空气除了用机器排除干净外，还要充进一种比较贵重的稀有气体——氩气，省得空气污染产品。

经过复杂的步骤，把钛铁矿变成四氯化钛，再放到密封的不锈钢罐中，使它们和金属镁起化学作用，就得到多孔的钛。它们非常疏松，所以叫做"海绵钛"。

这种海绵钛是不能直接派用场的，还要在电炉里把它们熔化成液体，才能够铸成钛锭。

但是这时候，它们的"怪脾气"又来制造麻烦了：除了电炉中的空气必须抽干净外，更伤脑筋的是简直找不到盛装液体钛的坩埚。因为一般耐火材料都含有氧化物，其中的氧就会污染钛。人们煞费苦心，终于发明了一种"水冷铜坩埚"的电炉。这种电炉只有中央一小部分区域很热，其余部分都是冷的。钛在炉子中心熔化后，流到用水冷却的铜坩埚壁上，马上凝成钛锭。用这种方法已经能够生产几吨重的锭块，只是成本非常贵。

焰火

钛容易和氧、氮化合，给我们增添了许多麻烦。但是，我们也能够把坏事变成好事。譬如，可以利用钛来制造焰火。

每当"五一"或者"十一"夜晚，人们都要兴高采烈地出来观赏五光十色的焰火。我国是世界上最早用焰火来庆祝节日的国家之一。例如，宋代词人辛弃疾就曾经生动地描述了春节放焰火的热闹景象：

东风夜放花千树，更吹落，星如雨。

宝马雕车香满路。

凤箫声动，玉壶光转，一夜鱼龙舞。

蛾儿雪柳黄金缕，笑语盈盈暗香去。

众里寻他千百度，蓦然回首，那人却在，灯火阑珊处。

焰火不但可以在节日中助兴，更重要的是可以做军事上的信号弹，用来指示目标或者传达命令。制造信号弹的原料有很多种，钛粉和氧化合以后能够放出强光和高温，是信号弹的好原料。

此外，我们还利用它的"怪脾气"来制造真空。在地球表面，所有空间都充满着空气，因此并不是真正空的，只有把某个地方的空气抽掉，才能得到"真空"。真空是非常有用的，举例说，电灯泡和电子管里都要抽成真空，否则，一通电流，灯丝就会烧掉。原子能工业也少不了真空技术。利用钛对空气的强大吸收力，可以除去空气，造成真空。比方，利用钛制成的真空泵，可以把空气抽尽。

钛矿选矿

钛矿物的选取，是根据它与其他矿物的密度、磁性、电性及可浮性（亲水性）的差别，因此有重选、磁选、电选和浮选等选矿方法。矿物种类不同，选取钛矿物所采用的选矿方法也不同。

四、钛合金的贮氢功能

氢是一种热值很高，对自然环境无污染的燃料。它可以通过电解水的方法产生，是一种取之不尽、用之不竭的二次能源。科学家预言，到21世纪，氢将成为主要的供能方式。可是，如果没有一种方便地贮存氢气的办法，氢就不可能作为普通的常规能源得到广泛应用。现行的贮氢办法是采用高压钢瓶装压缩气态氢或用杜瓦瓶装液态氢。但是这两种办法因为存在耗能高、容器笨重不便、不安全等缺点，使工业应用受到限制。

贮氢合金是一种能贮存氢气的合金，它所贮存的氢的密度大于液态氢，因而被称为氢海绵。而且氢贮入合金中时不但不需要消耗能量，反而能放出热量。贮氢合金释放氢时所需的能量也不高，兼之工作压力低，操作简便、安全，因此是最有前途的贮氢介质。

用钛合金制成的贮氢瓶

贮氢合金的贮氢原理是可逆地与氢形成金属氢化物，或者说是氢与合金形成了化合物，即气态氢分子被解离成氢原子而进入了金属点阵的间隙之中。由于氢本身会使材料变质，如氢损伤、氢腐蚀、氢脆等，而且，储氢合金在反复吸收和释放氢的过程中，会不断发生膨胀和收缩，使合金发生破坏。因此，良好的贮氢合金必须具有抵抗上述各种破坏方式的能力。

正在研究和发展中的贮氢合金通常是把吸热型的金属（例如铁、镍、铜、铬、钼等）与放热型的金属（例如钛、锆、镧、铈、钽、钒等）组合起来，制成适当的金属间化合物，使之起到贮氢材料的功能。吸热型金属是指在一定的氢压下，随着温度的升高，氢的溶解度增加；反之为放热型金属。比较有前途的贮氢材料，主要有以镁型、钙型、稀土型及钛型等金属为基础的贮氢合金。

用钛锰贮氢合金贮氢，与高压氢气钢瓶相比，具有重量轻、体积小的优点。在贮氢量相同时，它的重量和体积分别为钢瓶的70%和25%。这种贮氢合金不仅具有只选择吸收氢和捕获不纯杂质的功能，而且还可以使释放出的氢纯度大大提高，因此，它又是制备高纯度氢的净化材料。这类贮氢合金可采用高频感应炉熔炼和铸造，并经高温氢气处理而制得。它的特点是比重小，贮氢量大，价格低廉。在20℃时，每克合金可吸收225立方厘米的氢，或释放185立方厘米的氢，即每1立方厘米的合金能储藏1125立方厘米的氢。

利用贮氢合金在加热时快速释放的氢压作为机械能，可以制成压缩器。最近，荷兰采用镧、镍合金，制成了一台在15℃~160℃温度下具有4~45个大气压的无噪音静止压缩器。日本也考虑将贮氢合金应用于加压型的海水淡化工程中。

美国和日本还竞相采用贮氢合金制成太阳能和废热利用的冷暖房，以及贮热系统。其主要手段是采用所释放的氢的压力不同的两种贮氢合金，制成加热泵。主要原理是利用贮氢合金在吸氢时的放热反应和释放氢时的吸热反应。日本还提出用钛铁型贮氢合金作为与风力发电一起并用的温室暖房用热源。此外，贮氢合金还可应用于核反应堆中，作为分离重氢的手段。

贮氢合金由于具备许多独特的功能，它作为一种新型特殊能源材料，有着广阔的发展前景。

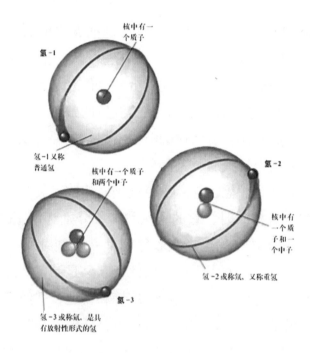

镍氢电池

镍氢电池是以镍氢氧化物作为正极，以贮氢合金为负极构成的电池。从降低合金成本出发，人们使用混合稀土代替纯镧，同时为了改善合金性能，用钴、铝、锰等部分取代镍。镍氢电池为可充电电池，又可称为蓄电池，具有无毒、电容量大、反复充电性好等特点，是目前人们大力推广应用的电池。它与铅蓄电池、镍镉电池（镉有毒，对环境污染大）及锂离子电池共同构成实用的可充电电池。

五、钛合金的记忆效应

第 **1** 章
金属钛及钛资源
介绍

　　钛合金的一项特殊用途是具有"记忆"效应。它可以记住自己在某一个特定温度下的形状，以后不论发生什么变化，只要出现这个温度，它就会恢复到这个特定温度下的形状。据了解，形状记忆合金类似于电唱机内驱动发条用的电动机或弹性构件，能够储存机械能并再次放出。同时，这种可重复的记忆效应使得能够产生由热能或电能到机械功的永久转化。人们早就看到了形状记忆机理的广泛应用领域：如温度控制的断路开关器、离合器、闭锁和松开装置。

记忆钛合金眼镜架

形状记忆合金在汽车工业中的应用

最近，人们在一个可以展开的太阳能电池托架模型上使用可重复的形状记忆效应：由记忆扭转棒、同轴螺旋弹簧和可连接的离合器所组成的三个传动元件，推动了碳纤维增强的合成材料和铝制成的三部分支架，向旋转棒盘卷的外套加热元件提供必要的能量。折叠过程为2分钟，整个循环过程（折叠—展开—折叠）大约要12分钟。循环周期可以随时地、经常地重复。

这两个模型和其他的试验元件证明了在航空和宇航上应用形状记忆合金部件具有较高的可靠性和精确性，美国阿波罗飞船上用的天线，就是钛镍记忆合金做的。这种天线是在某一温度下，先把它做成半球形，然后冷却压成小球装在飞船上。在月球上太阳光的照射下，达到制做时的温度，它就记起并恢复了自己在那时候的形状。

形状记忆合金在汽车工业中也存在着应用的可能性，例如，用于汽车的自动电气开关、气化器—空气阀的温室控制传动元件，用于夏季和冬季运转的冷却器风机叶轮的接通和断开等。

钛合金货架

　　1977年形状记忆合金开辟了一个新的领域，克虏伯研究院除了设想将它应用于医学领域外，并与埃森医科大学、综合大学的矫形外科医院合作，经试验研究证实了形状记忆合金在医学上具有突出的用途，尤其适用于矫形外科手术。就在那年进行的试验中，用镍钛合金制成了人造骨合成板。人造骨合成，即骨折的手术处理，就是骨折的固定，是用螺钉将合成板固定在骨折处的两边。如果骨折面处于均匀的压应力状态，那么对于治疗是有利的。这种情况下不用螺钉固定，而是通过变形而后加热的形状记忆板来处理的。

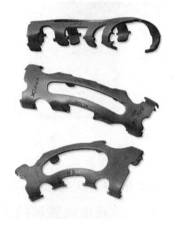

钛镍合金接骨板

钛铁矿富集方法

　　随着对钛铁矿富集方法的深入研究，人们已经研究和提出了20多种富集方法，各种方法都有其特点。这些方法大致可分为以干法为主和以湿法为主两大类。干法包括电炉熔炼法、等离子熔炼法、选择氯化法和其他热还原法。湿法包括部分还原——盐酸浸出法和部分还原——硫酸浸出法（总称酸浸法）、全还原-锈蚀法，以及其他化学分离法。目前获得广泛工业应用的有电炉熔炼法、还原锈蚀法和酸浸法。电炉熔炼法制取的产品称为钛渣，而其他方法制取的产品称为人造金红石。

六、世界钛资源

第1章
金属钛及钛资源介绍

有关世界钛资源储量的统计是多样的，不同资料的数据相差悬殊。公开发表的资料数据是指现有技术水平和目前经济条件下具有利用价值的资源储量，主要是指钛铁矿（包括白钛石）和金红石（包括锐钛矿）的矿物资源储量；而不包括现阶段不具有利用价值的钛矿，如钛磁铁矿、钛铁晶石、榍石等资源。

二氧化钛

综合1997年～2000年发布的有关数据，世界钛矿储量基础总计约为8×10^8吨（以二氧化钛计），其中钛铁矿约占70%，金红石（包括锐铁矿）约占30%。所统计的资源储量主要是砂矿资源，岩矿仅包括加拿大、挪威等品位特别高（原矿含钛铁矿39%～75%）的钛铁矿富矿。钛磁铁矿未统计在内，因为其中的钛铁矿与磁铁矿紧密结合，无法选出含钛较高的钛矿物。

在世界钛资源中，钛铁矿储量最多的国家是澳大利亚、南非、美国、加拿大、印度和挪威等；金红石（包括锐钛矿）储量最多的国家是澳大利亚、南非、巴西、印度和塞拉利昂等。

●澳大利亚。澳大利亚是钛砂矿资源十分丰富的国家，钛铁矿和金红石储量均占世界的20%左右，分布在东部和西部沿海地区。东海岸矿床从新南威尔士向北到昆士兰州的大约1700千米的海岸线上。东海岸中部的岸滩沙矿，原矿中钛铁矿含量为15～16千克／立方米，金红石含量为18～20千克／立方米。西海岸钛砂矿床位于布鲁塞尔顿北部到埃尼巴1300千米的斯旺海岸平原及布鲁塞尔顿以南160千米的斯科特海岸平原，矿带最宽处达30千米。

●南非。南非也是钛砂矿资源十分丰富的国家，钛铁矿和金红石储量均占世界的15%左右，最著名的是纳塔尔省的里查兹湾砂矿床，该矿床为约80米高的沙丘，重矿物储量达7.0×108吨以上，矿砂中含

丰富的钛铁矿

钛铁矿5%～7%、金红石0.2%～0.3%、锆英石0.4%和少量磁铁矿、石榴石和痕量独居石。在开普省的弗莱登达尔西北的砂矿床，有储量约$5.0×10^8$吨含钛铁矿、金红石和锆英石的重矿砂。另外，德兰士瓦省中部布什维德火成岩地区有储量$2.0×10^8$吨的钒钛磁铁矿，矿中含二氧化钛12%～14%，该矿中钛铁矿储量尚未统计在总储量中。

●挪威。挪威是钛岩矿资源十分丰富的国家，钛铁矿储量占世界的7%，金红石储量占世界的4%。挪威西部的岩浆型钛铁矿床分三种类型：钛铁矿矿床、钒钛磁铁矿-钛铁矿矿床和磷灰石磁铁矿-钛铁矿矿床。位于挪威西南的特尔尼斯钛铁矿储量$3.5×10^8$吨，是典型的岩矿床，是原矿含钛铁矿30%的高品位原生矿。

●加拿大。加拿大也是钛岩矿资源十分丰富的国家，钛铁矿储量占世界的6%。在魁北克省的阿拉德湖区有世界上最大的岩浆型钛铁矿-赤铁矿型矿床，矿石储量$1.5×10^8$吨，是高品位原生矿。在魁北克省的乌

钛晶

尔宾地区也有一处较大的原生钛铁矿床。另据报道,魁北克省还发现有含重矿物59%的砂矿$2.1×10^9$吨。

●印度。印度也是钛砂矿资源十分丰富的国家,钛铁矿储量占世界的6%,金红石储量占世界的3%。但印度矿务局发表资料称印度拥有$3.48×10^8$吨钛铁矿资源,占世界钛铁矿资源的35%;还有$1.8×10^7$吨的金红石资源,占世界金红石资源的10%。印度钛资源主要是海滨砂矿,主要分布在西海岸的奎隆、马纳瓦拉库里和拉塔基里三个地区。东海岸矿床主要位于奥里萨邦。

●美国。美国也是钛矿资源比较丰富的国家,钛铁矿储量占世界的10%,金红石储量占世界的1%。砂矿主要分布在佛罗里达、佐治亚、新泽西、北卡罗来纳、南卡罗来纳和弗吉尼亚等州的海滨矿床和河砂矿床。岩矿床主要分布在阿拉斯加、纽约、加利福尼亚和明尼苏达等州。佛罗里达州的特雷尔里奇矿床,砂矿储量约达$5.0×10^8$吨;新泽西州的阿萨科海滩砂矿储量约$1.0×10^8$吨,砂矿中含重矿物4%;纽约州的桑福德湖矿床,是大型的岩浆型钛铁矿-磁铁矿型矿床,矿石含钛铁矿32%,矿石储量$1.0×10^8$吨以上。

其他国家的钛资源

俄罗斯探明的大、中型钛矿床有8处,钛砂矿主要分布在西伯利亚和后贝加尔等地区,主要是古海滨砂矿;原生矿主要在科拉半岛-卡累利阿和乌拉尔。

乌克兰探明的大、中型钛矿床有5处,位于第聂伯罗夫斯克地区的萨姆特坎斯克矿床,是典型的古海滨砂矿,含红钛铁矿37%~38%、金红石10%~12%和锆英石等矿物。

越南已初步探明的钛铁矿储量为$2.0×10^7$吨,主要分布在北部地区的太原和宣光(内陆砂矿)、中部沿海的河静省、清化省、平定省和平顺省。

七、中国钛资源

第 1 章
金属钛及钛资源
介绍

　　我国主要有三种类型的钛矿资源：钛铁矿砂矿、钛铁矿岩矿和金红石岩矿，已探明的钛矿资源储量达数亿吨（以二氧化钛计），分布在21个省，共110多个矿区，绝大部分为岩矿，砂矿只占7%左右。

　　●钛铁矿砂矿。钛铁矿砂矿主要分布在海南、云南、广西和广东等省。其中海南是拥有钛砂矿资源最多的省，占全国砂矿资源的35%，主要是滨海沉积型和风化壳残坡积型的钛铁矿–锆英石砂矿床。主要分布在东南沿海一带，北起文昌经琼海、万宁、陵水直至南部的三亚市，沿海岸线断续分布。万宁县的长安、保定、兴隆为3个大型矿区，其中以

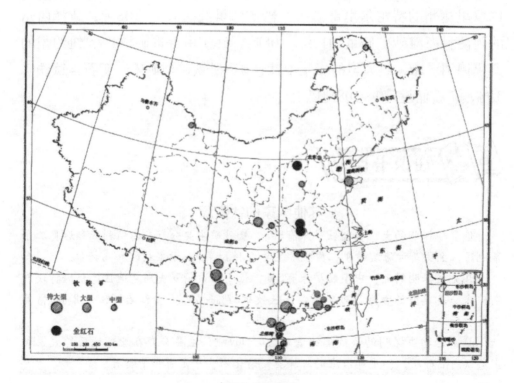

中国钛矿分布图

长安矿区规模最大。海南钛铁矿精矿二氧化钛品位一般在48%～52%之间，钙镁含量较低，但氧化锰含量高达2%左右。

钛铁矿岩矿

云南钛矿资源较为丰富，有钛铁矿砂矿、钛磁铁矿和钒钛磁铁矿，其中现阶段有利用价值是钛铁矿砂矿，已经探明的优质钛矿砂储量占国内砂矿储量的28.6%。主要分布在滇中的昆明、武定、禄劝、富民、禄丰等地，滇南的石屏、建水、华宁、蒙白、富宁等地，以及保山板桥、西双版纳的勐海等地。云南的钛铁矿砂矿资源分布也比较分散，单个矿床储量小，矿层薄，难以实现大规模开采。云南钛铁矿精矿二氧化钛品位一般在48%～50%之间，含有1%～2%的氧化锰。

广西钛铁矿砂矿主要分布在梧州、玉林、钦州地区。梧州地区主要分布在腾县、苓溪、苍梧等地，含矿率20～40千克/立方米。玉林地区主要分布在陆川、博白、贵县、玉林等地，含矿率16～25千克/立方米。钦州地区主要分布在钦州、防城、合浦、灵山以及北海市、北部湾一带。此外，在巴马、百色、大新、那坡等地也发现储量较大的钛铁矿，估计储量在数千万吨。广西钛铁矿精矿品位较高，其中北海氧化砂矿的二氧化钛含量可达60%左右，且钙镁含量低，氧化锰含量略高。从内陆砂矿中选出的钛铁矿精矿质量也较好，二氧化钛含量50%～54%，钙镁含量低，钛铁氧化物总量可达96%左右。

广东有钛砂矿大都属于残坡积风壳砂矿，主要分布在化州平定、湛江、汕头、水东、徐闻和陆丰等地。其中化州市平定钛矿属残坡积风壳型矿床，钛铁矿平均品位31.5千克/立方米。

●钛铁矿岩矿。主要分布在四川攀西地区和河北承德地区的钒钛磁铁矿中。目前的统计数据表明，按钒钛磁铁矿原矿中的二氧化钛含量计算达数亿吨。原矿中的钛矿物有钛铁晶石、钛磁铁矿、钛铁矿、钛辉石等，其中现阶段具有利用价值的钛铁矿约占原矿中二氧化钛含量的1/4左右，其他的含钛矿物现阶段不具有利用价值。目前在开采利用铁（钒）矿的同时，从选铁尾矿中回收钛铁矿，因此这类钛铁矿的产量受钢铁规模的限制。攀西地区的钒钛磁铁矿中二氧化钛含量达10%～12%，从选铁尾矿中回收钛铁矿的经济效益较好；而承德的钒钛磁铁矿中二氧化钛含量只有8%左右，从选铁尾矿中回收钛铁矿较困难且成本较高。

●原生金红石矿。我国已发现的天然金红石资源，80%以上是原生矿，砂矿资源比较少。金红石原生矿储量丰富，已发现金红石矿床分布于17个省、市、区，以湖北、河南、陕西、江苏、山西及山东为主。原矿中含有1%～4%的金红石矿，但金红石矿呈细粒状分布在岩石中，要经过采矿、破碎和选矿等复杂工序才能获得金红石精矿，投资大、产品成本高，目前仅有少量开采。

综上所述，我国钛矿资源储量丰富，但主要岩矿资源、砂矿资源只占7%左右，且砂矿床分散，砂矿的质量也不如国外，尚未发现特大型砂矿床。

钛铁矿岩矿

金红石砂矿

　　金红石砂矿包括海滨砂矿和残坡积风壳型砂矿。海滨砂矿储量不大，主要分布在海南、广东、广西和福建等省，主要是锆英石矿中伴生金红石矿，矿中金红石矿含量一般为1～2千克/立方米。风化壳型金红石矿主要分布在河南、山东、湖北、陕西等省，总储量约为260万吨。其中，河南储量最大，以河南方城柏树岗金红石矿规模最大，矿中二氧化钛含量达2%左右。

<table>
<tr><td>第 1 章
金属钛及钛资源
介绍</td></tr>
</table>

八、钛工业生产的环保

钛工业生产涵盖钛冶金和钛加工，以及钛白工业整个领域，它们的环保现状可以分为4个系统分别介绍：

● 钛矿富集工艺系统。我国国内主要制取人造金红石的方法为熔炼钛渣和酸浸法（主要为盐酸浸出法）两种工艺。其中，熔炼钛渣法"三废"少，环保状况较好。采用酸浸法制取人造金红石工艺"三废"多，环保问题不容轻视。在确立工艺流程时，要学习美国的方法，达到盐酸在全流程中的封闭和循环，使资源全部利用，不浪费。由于盐酸在流程中封闭，不外泄，所以对环境不造成污染和少污染。

● 海绵钛生产系统。克劳尔法生产海绵钛采用氯化冶金工艺，产生的"三废"较多。以前一些厂家对环保重视不够，环保状况堪忧。国内一些专家有两点共识：第一是海绵钛厂规模宜大，年产海绵钛在5000吨以上是合适的，国外一些钛厂都在万吨级以上，这是最佳规模。由于规模大，建立环保系统比较容易，而且将环保作为必须建立的工艺的一个部分对待；第二是必须建立镁钛联合企业，钛厂必须有镁电解生产车间，其规模至少应保证镁还原产生的氯化镁被电解掉，即镁钛生产规模应匹配。这样就易形成氯化镁-氯气在流程内的封闭循环，因氯化镁和氯气全被消耗掉了，同时减少了许多污染源的产生。这样做

盐酸浸出钛

不仅减少了污染物，而且资源的利用率提高了，同时热能的利用率也提高了。这是因为有了配套的镁电解车间，可以将精制镁趁热（即液体镁）直接加入还原炉，也可将热氯化镁（排出还原炉后）直接送往电解槽内。

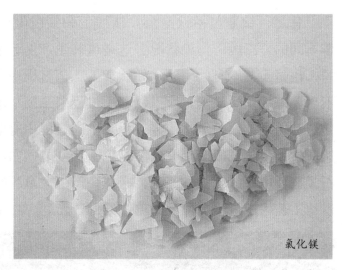

氯化镁

当然，其他的"三废"也应该有针对性的治理，使所有的"三废"获得及时处理，经处理后达到无害化状态才排放。

●钛白生产系统。钛白生产工艺有两种方法。第一种方法是氯化法，这是污染较少的新工艺。其中氯在该工艺中循环，流程封闭，但仍然有不少"三废"产生。第二种方法是硫酸法，该法产生大量的废酸液（包括废酸和酸性废水）等"三废"，如不处理必然对环境造成严重污染。从整体上来说，以前我国钛白生产工艺以硫酸法工艺为主，而且是小厂多、技术落后，存在的环保问题非常突出。

要想从整体上改善国内钛白环保不良的现状，从技术上要突破氯化法的技术难关，这是最佳上策。但在目前，只能实事求是地从实际出发，寻求解决问题的途径和对策。

●钛加工生产系统，包括熔炼、塑性加工、铸造和粉末冶金各生产部门。钛加工生产系统产生的"三废"比较少，整体环境保护比较好。唯一可能成为污染源的是钛材表面净化时的废水，包括废碱水和废酸水。其中酸液中含有氟离子，它对人体的骨骼有侵蚀危害，所以不能轻视，因此工艺中必须一边碱洗和酸洗，一边进行无害化处理。

　　总之，钛业包括钛冶金、钛加工和钛白生产，不同工艺过程存在着不同的"三废"污染状况。这是这些生产工艺中存在的结构缺陷造成的，也是工艺本身的问题。如钛加工工艺过程中，全是物理变化工程，不需要外加化学试剂，所以钛加工过程"三废"污染少；而钛冶金和氯化法钛白工艺属于氯化冶金过程，生产过程中有众多的氯化物参与，必然产生大量"三废"污染环境；硫酸法制取钛白和酸浸法制取人造金红石工艺使用硫酸或盐酸提出，必然会产生大量废酸、废水污染环境。所以钛工艺生产过程中环境保护任务十分繁重。

工业废水污染

碳化钛

　　碳化钛是已知的最硬的碳化物，是生产硬质合金的重要原料。碳化钛与其他碳化物比较，它的密度最小，硬度最大，还能与碳化钨和碳化钽等形成固溶体。碳化钛还具有热硬度高、摩擦系数小、热导率低等特点，因此含有碳化钛的刀具比其他材料的刀具具有更高的切削速度和更长的使用寿命。如果在其他材料的刀具表面上沉积一层碳化钛薄层，则可大大提高刀具的性能。

第2章

钛的主要化合物

◎ 钛酸钡能帮助我们捕鱼
◎ 世界上最白的东西——二氧化钛
◎ 化学纤维与橡胶用二氧化钛
◎ 电焊条与二氧化钛
◎ 电子陶瓷与二氧化钛

一、钛酸钡能帮助我们捕鱼

第2章
钛的主要化合物

在海洋中捕鱼的一个最大困难，就是怎样在茫茫大海中找到鱼群。老渔民凭着他们丰富的经验，虽然能够做出一定的判断，但是对海底鱼群的分布总还不能了如指掌。

现在终于有好办法了，我国的渔船上已经有了超声波探测鱼群的设备。原来鱼群密集的地方，海水中有大量气泡，能够反射超声波，可以利用它来探测鱼群。

那么，什么是超声波呢？我们知道，我们平时发出声音的声波每秒钟振动频率为16到20000次，然后以每秒330米的速度将我们的声音传到四面八方。当声波振动的频率超过每秒20000次以上时，就变成我们耳朵听不到的超声波了。超声波不能传向四而八方，只能向一个方向传

海中捕鱼

播。超声波在空气中很快就会衰减，而在水中或固体中却能传播到几千米外，如果在传播途中碰到更硬的东西就会像光线一样反射回来。我们可以利用超声波这个特点来揭示海洋的秘密、探测金属材料的内伤、诊断人体的隐患，或用超声波进行清洗、焊接等工作。

有趣的是，最先用超声波"看"东西的不是人，而是蝙蝠。

蝙蝠能够在黑暗中准确地捕捉小虫，这件事，是动物学家早在几百年前就已经知道了的。可是多少年来，蝙

超声波捕鱼器

蝠为什么会有这种本领一直是一个"谜"，直到近年掌握了超声的知识以后，才研究清楚。原来蝙蝠在飞行的时候，它的小嘴能够朝一定的方向发出超声波，如果前面有物体，超声波就会反射回来。蝙蝠的耳朵能够十分灵敏地"听"到这种回声，它就靠着判断回声的快慢和强弱，来确定自己的行动。

我们人体中没有发射和接收超声波的器官。对于超声波来说，我们既是"哑巴"又是"聋子"，只能靠仪器来帮忙。

发射和接收超声波的仪器种类很多，其中有一种是用钛的化合物钛酸钡来制造的，性能很好。

钛酸钡有一种奇异的性质：用力压它会产生电，只要一通上电，它又会改变形状。把钛酸钡放在超声波中，它受到超声波的压力会产生电流，我们用仪器把电流记录下来，就"看见"了超声波。反过来，如果我们给钛酸钡加上高频的电压，它就会发出超声波来。

用钛酸钡做的水底测位器，是锐利的水下眼睛，它不只能够看到鱼群，而且还可以看到海底下的暗礁、冰山和敌人的潜水艇等。另外，它还能够检查钢铁内部，看它有没有缺陷。

近年来，钛酸钡在电子器件中很受欢迎。用钛酸钡制造的电容体，体积特别小，耐压，绝缘性很好而且电容率特别高，在无线电通讯、电视和印刷电路中都成为重要材料。

在高频装置中，如介质放大器、变频装置如移动式无线电机、遥测器等都使用钛酸钡制的电子器件。

钛酸钡还有很多别的用处，譬如：铁路工人把它放在铁轨下面，来测量火车通过时候的压力；医生用它制成脉搏记录器，把脉搏跳动变成电压，记录在仪器上，等等。

钛酸钡晶体

知识卡片

四氯化钛

看过《三国演义》的人，都知道诸葛亮草船借箭的故事。诸葛亮利用长江夜间的漫天大雾，驾驶20只快船到曹操83万人马的水寨前擂鼓呐喊，迷惑了曹操，赚得10万多支箭。

这个故事虽然是后人编造出来的，但是它说明了雾的军事价值。现代战争中，更是经常施放烟幕弹，用人造雾来迷惑敌人。在第一次世界大战中，德军最先使用了烟幕弹，曾经在康勃雷地区迷惑了英国的坦克部队，使他们误入德军包围圈，结果全部被歼。

人造雾最好的一个方法就是喷射一种钛的化合物——四氯化钛，它造成的烟幕很耐久。除了用作人造雾外，四氯化钛还可以用飞机喷洒出来，在天空中写字，长久不散。

第2章 钛的主要化合物

二、世界上最白的东西 ——二氧化钛

涂料是一种高分子粘稠状液体，涂在金属、水泥、木材、塑料、纤维等物体表面，固化后形成一层坚韧的薄膜，对物体起防护及装饰作用。某些涂料还具有绝缘、耐腐蚀、抗热辐射、示温或防止海生物附着等特殊保护功能。由此可见涂料的用途十分广泛，在经济建设和日常生活中越来越显示出重要的作用。我国的涂料按成膜物质为基础已有18大类，按用途更有50余类，上千个品种。

涂料由油或合成树脂溶液（通称漆料）、颜料、溶剂、增韧剂及助剂等组成。颜料在涂料中不但使漆膜呈现不同色彩，而且能保持介质的物理稳定性，增强漆膜的机械强度和附着力，防止裂纹和裂缝，同时还能防止紫外线及水分穿透，从而延迟漆膜老化进程、延长漆膜寿命。

在白色颜料中，二氧化钛的性能最佳。二氧化钛是世界上最白的东西，一克二氧化钛就可以把450多平方厘米的面积涂得雪白。它比常用的白颜料——锌钡白还要白5倍，因此是白油漆的最好颜料。世界上用做颜料的二氧化钛，一年多到几十万吨。

多彩的颜料

色彩缤纷的涂料

对涂料用二氧化钛的品质，要求在各类分散设备中分散效果好，高温烘烤仍能保持高光泽，不产生发花与乳色，白度、亮度、色相的耐久性、耐光性、抗粉化性、贮存性要好，着色力、遮盖力要高。

为了改进纸张的物理和机械性能，增加其不透明度和平滑度，改善纸张的白度和弹性，减少吸湿性，降低印刷穿透能力和提高光泽，造纸工业常用滑石粉、碳酸钙、硫酸钙、硫酸钡、二氧化钛等作为纸张的填料。用二氧化钛加填的纸张不透明度比其他填料高10倍，白度高，光泽好，强度大，薄而光滑，性能稳定，印刷穿透能力小。在薄纸生产中如使用金红石型二氧化钛，可防止用来浸泡纸张的三聚氰酰胺-甲醛树脂在紫外线的作用下降解和变色。

造纸用二氧化钛必须有良好的水分散性，颗粒细而均匀，含铁量低，化学性能稳定。这样才能使造纸工艺过程稳定，得到质地优良的字典、手册、画报和电子计算机等用的高级纸张。在非漂白纸板涂层中，二氧化钛的用量约占总颜料量的30%。

此外，为了使塑料的颜色变浅，使人造丝光泽柔和，有时也要添加二氧化钛。二氧化钛的不透明性大，白度高，化学稳定性好，与合成树脂、催化剂、增塑剂等接触不起反应，不妨碍进一步反应，是制造白色或彩色塑料中最优良的不透明剂、着色剂和填充剂之一。加有二氧化钛的塑料不仅可以提高强

二氧化钛——最白的涂料

度，呈蓝色底相，延长使用寿命，不影响其绝缘性能、抗张力和伸长率，而且用量省，色彩鲜艳，无毒。塑料工业是二氧化钛第三位应用领域。

塑料用的二氧化钛必须颗粒细匀，有良好的分散性、耐热性和耐光性，在塑料成型加工、日光曝晒和使用过程中应不变色。用于绝缘性塑料的二氧化钛，其中所含的水溶性盐要低，故须添加热处理时不会分解的表

二氧化钛使白色塑料制品更美观

面活性剂。用于塑料薄膜的二氧化钛，可采用不经后处理的锐钛型，要求含水分低。用于聚苯乙烯、聚烯烃塑料的二氧化钛，应经过有机表面处理，以适应树脂粘度大、难分散的特点。

知识卡片

影响涂料生产的二氧化钛

二氧化钛的表面性能及分散性好坏，是影响涂料生产的重要环节。在涂料生产时，二氧化钛首先被漆料润湿，随后用机械分离法把被润湿的二氧化钛聚集体分散到漆料中去，成为永久性分散体系，均一分布在涂膜中。二氧化钛的细度越细，分散性便越好（尤其在高颜料浓度漆料中分散性更好），涂膜的光泽也越高。若二氧化钛含水量高，将会影响二氧化钛的分散，甚至会导致涂料胶凝、返粗和变稠。二氧化钛的晶型有否表面处理，对涂料的使用性能影响甚大，一般户外及湿热地带使用的涂料必须采用金红石型及经过表面处理的二氧化钛。

第2章
钛的主要化合物

三、化学纤维与橡胶用二氧化钛

　　化学纤维有人造纤维和合成纤维两大类。合成纤维的透明度比天然纤维大得多，为了得到和天然纤维相仿的不透明度，印染后得到艳丽的色彩，常常需要添加消光剂。二氧化钛是一种优良的消光剂，常被用来进行外消光与内消光，按照加入量的不同而得到半消光或全消光的化学纤维丝。一般说来，在纺丝的原液中加入0.2%～3.0%的二氧化钛，就能得到很好的永久性消光和增白效果，而不影响纤维的强度和物理性能，还可提高韧性。用二氧化钛消光的化纤产品，易染色，手感好，耐穿用。

　　内消光时，二氧化钛加在纺丝的原液中，所以要求粒度细而均匀，分散性要高。为防止喷丝孔堵塞，保证纺丝的正常进行和不影响化纤的强度、拉伸等性能，一般在加入纺丝原液前，都需经过研磨。外消光是利用二氧化钛在含有适当的有机粘合剂时，在水中分散来完成的。

　　二氧化钛的白度与纤维的质量关系密切。用白度好、着色力强的二氧化钛，制得的化学纤维白度和色光均好，纤维织物印染后色泽鲜艳，美丽。经过表面改性的二氧化钛用于某些化学纤维（如尼龙）中，还可以改善其耐光性和耐候性，并可扩大其应用范围。

　　目前化学纤维工业为确保质量，对二氧化钛的水分、纯度、细度、三氧化二铁含量、灼热减量，水分散性等均有相应的要求。另外，不同的化学纤维对二氧化钛还有一些特殊要求。如聚丙烯腈纤维因使用溶剂多，要求二氧化钛能耐溶剂，高分散，以不经过后处理者为宜。又如聚酯纤维耐光性好，但脱乙二醇时需经高温处理，

二氧化钛应用于纺织业

所以要求二氧化钛高分散，并有在高温处理时不分解的表面。

橡胶制品生产过程中，须在生胶中加入硫化剂、促进剂、活性剂、防老剂、补强剂、着色剂等各种助剂。

二氧化钛在橡胶工业中，除作为着色剂外，尚有补强、防老、填充作用。用二氧化钛制得的白色和彩色橡胶制品在日光照射下，耐曝晒，不龟裂，不变色，老化慢，强度高，伸展率大，并具有耐酸和碱的性能。在硅橡胶中加入二氧化钛，还可提高橡胶的耐热性和稳定性。

二氧化钛的着色力及遮盖力均高于其他白色颜料，在生胶中分散性能好。在橡胶中只要使用少量二氧化钛，就能达到最好的着色效果，对制品的抗张能力、伸长率、弯曲性能均没影响。

橡胶用二氧化钛的质量，必须具备一定的耐热性，硫化加热（110℃～170℃）时不泛黄；对硫黄和其他配合剂（如促进剂、防老剂、稳定剂等）的稳定性良好，不与这些配合剂反应而变色；着色力和遮盖力要高；对损害硫化过程的铜、锰、钴、硅、钙、镁等有害杂质氧化物的含量须严加控制；易于分散；对橡胶制品的物理、机械、老化性能没有不良影响。

知识卡片

油墨与二氧化钛

在油墨生产过程中，颜料对油墨的质量起着关键作用。二氧化钛是高级油墨中不可缺少的白色颜料。这是由二氧化钛具有颗粒细、遮盖力强、着色力高、流动性小、耐酸碱、耐光、耐热、不易泛黄等特性决定的。

油墨用二氧化钛应外观纯白，耐久不泛黄，表面润湿性好，易于分散。否则，会使制成的油墨色彩黯淡不鲜艳，易泛黄，使它的稠度、粘度和流动度变化不定，并会降低油墨的产率。用于照相凹凸板的油墨应使用锐钛型二氧化钛，而印金属的油墨则应使用金红石型二氧化钛，并要求不含氧化锌、吸油量低、耐热、耐蒸汽、耐弯曲、耐候性好。

四、电焊条与二氧化钛

第**2**章
钛的主要化合物

电焊条是金属焊接必不可少的材料，大量用于国防、机械、造船、建筑等重要工业部门。电焊条质量的好坏，能直接影响焊接加工的操作和焊接的质量。

电焊条是由金属材料制成的焊芯和外面涂的药皮组成。

焊芯是焊接时的电流传导者，在电弧的高温作用下，形成焊接熔池，经冷却结晶后，成为焊缝中的填充金属。

电焊条

药皮一般由稳定剂、造渣剂、粘塑剂等组成。在焊接过程中，能保护熔化金属，防止空气中的氮、氧侵入焊缝金属中，而降低焊缝的强度和塑性，药皮还能促使焊缝金属脱氧，使焊缝金属合金化和稳定电弧燃烧。

二氧化钛是很好的造渣剂，焊接时形成熔渣覆盖在熔池上，不仅能使熔化金属与周围气体隔绝，而且能使焊缝金属的结晶处于缓慢冷却的保护之中，从而改善了焊缝结晶的形成条件。二氧化钛是很好的稳定剂，所得熔渣的熔点低，粘度小，流动性好，操作稳定，工艺性能好。二氧化钛的脱氧能力也很高，因为钛与氮能形成稳定的氮化钛，迅速进

用电焊条焊接

入渣中，从而排除了氮对焊缝的有害影响，改善了焊缝金属的机械性能。二氧化钛还有较强的附着力，在焊条制造时可减少水玻璃的用量，是很好的粘塑剂。

用二氧化钛制造的焊条，可交直流两用，操作时点弧快，电弧稳定，脱渣容易，焊缝美观，机械性能好。在钛型、钛钙型、钛铁型的电焊条药皮配方中，二氧化钛用量占10%～14%。因此，如果所用二氧化钛的质量不好，会直接影响焊条的生产、焊条加工的操作及焊缝金属的质量。

焊条用二氧化钛的质量要求，主要是有害杂质硫和磷的含量不能超过0.05%，因为硫和磷在焊接时会过渡到焊缝金属中去。硫使焊缝产生气泡和热裂缝，磷则产生冷裂缝，其次二氧化钛的颗粒应均匀，视比容应在0.8～0.9毫克／升之间，过小的视比容则粘性差，配方中水玻璃的用量要增大，烘干时会造成焊条药皮表面开裂，影响焊接操作的点火。

知识卡片

搪瓷与二氧化钛

搪瓷是在金属坯体上涂饰一层瓷釉或珐琅的硼硅酸盐玻璃，经过熔烧所得到的制品。制造瓷釉的原料有耐火剂、助熔剂、乳浊剂、密着剂、着色剂、电介质、悬浮剂等。

二氧化钛由于有很大的折射率，它对入射光线发生折射、反射或由绕射而发生偏射和散射的能力最强，因此是最好的白色乳浊剂，所得的瓷釉乳浊度最强。不仅如此，二氧化钛在制造瓷釉时能与其他材料均匀混合、不结块、熔制作业容易，在釉料中都能熔融，在冷却结晶时能结成适当的晶粒，从而使瓷釉获得很高的不透明度。

由于不透明度高，钛珐琅的涂层可以涂得很薄，仅为锑珐琅的三分之一。因此所得制品重量轻，抗弯、抗压、抗冲击等机械强度高，表面光滑，耐酸性强，色泽鲜艳，不易沾污。

第**2**章
钛的主要化合物

五、电子陶瓷与二氧化钛

数千年来，陶瓷一直是人类不可缺少的生活必需品。随着科学技术特别是高科技的发展，人们对陶瓷的分子结构的认识越来越深入，应用也愈益宽广。首先可将它分为传统陶瓷和新型陶瓷两类，电子陶瓷就是后者的一种。

电子陶瓷指在电子信息技术中用作元件或器件的陶瓷材料的统称，它们可用于探测、监控、报警、通信及特殊零部件的制备，在民用和军用各方面都有重要应用。

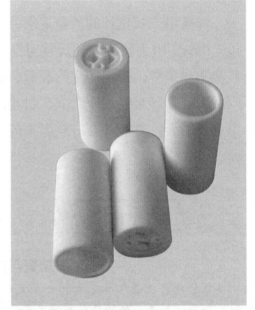

1880年著名的物理学家居里在研究热电现象和晶体对称性时，从石英晶体上最先观察到压电效应，开电子陶瓷应用之先河。所谓压电效应是指，当沿晶体一个轴的方向加力时，可以观察到垂直于该轴的两个表面上出现大小相等、符号相反的电荷。这就说明，只要在这种材料的合适方向施力，就能得到电信号。这种现象在第一次世界大战中就被用来制作水中超声探测器，可以探测潜艇、水中障碍物及鱼群等。

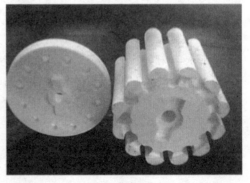

电子陶瓷

新型陶瓷以精制的高纯、超细的无机化合物为原料，采用精密控制的制备工艺烧结，除具有耐高温、耐磨损、耐腐蚀的传统功能外，可以通过掺杂、改善化学组成获得新的性能。通常的电子陶瓷就是用钛锆铅类材料掺加适量硼、铋及其他金属在较低温度下烧结而成的。它们在微观上具有多孔结构的空穴，利于离子及电子的运动；而在宏观上看，则晶粒生长均匀、无气泡、高致密，所以性能稳定。

电子陶瓷具有多种优异的电性能，是应用于电子技术上的一种新型材料。具有高介电常数的二氧化钛是电子陶瓷不可缺少的原料之一，可作为制造绝缘陶瓷，换能装置，高频、低频、滤波及高压的陶瓷电容器的材料。在声纳、红外、激光、超声技术等方面大量应用的压电陶瓷中，在抗核闪光、热辐射等方面的透明电光陶瓷中都少不了它。

电子陶瓷工业对二氧化钛的质量要求是很高的。首先对某些杂质（特别是碱金属氧化物）要控制在万分之几以下，否则电子陶瓷性能波动，会造成电导增加、绝缘强度降低、介电损耗增加和电耦台系数下降。三氧化二铁过高，会使电容器的击穿强度降低；二氧化硅和三氧化

石英晶体

二铝过高，会使压电陶瓷的机电耦合系数下降；硫酸根和氯根的存在，会使瓷坯疏松，有碍烧结，造成缺铅等；低价钛的存在，可使电子陶瓷的性能大大降低；高价离子锑和铌会使电子陶瓷颜色变灰，甚至变黑，促使材料导电增加。

二氧化钛的粒度也应小于2微米，这样既有利于组分在配料时混匀，又可使合成温度降低、合成完全和活性提高。电光陶瓷对二氧化钛的粒度要求更高，应在0.2微米以下。

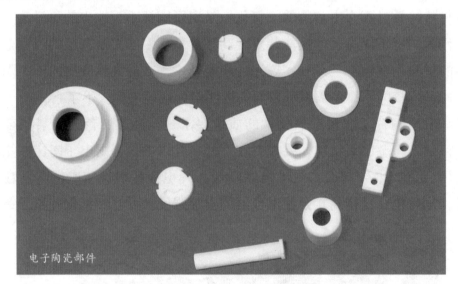

电子陶瓷部件

冶金用二氧化钛

二氧化钛在冶金工业上用于制造高温合金钢、非铁合金、硬质合金、矽钢片和金属钛等产品。含钛合金钢耐高温、质量轻，机械性能和抗腐蚀性好，常用于制造飞机、人造卫星、导弹及化工设备。二氧化钛与碳、氮、硼等生成的一系列化合物硬度极大，其中以碳化钛的硬度最高，是硬质合金中的重要品种。

与涂料用二氧化钛不同，对冶金用二氧化钛的质量要求是化学成分，而不是物理性能。其纯度要高，对有害杂质锡、锑、铋、锌、铅、铜、镍、碳、硅、磷、硫等元素都应严格控制。

第3章

可以上天入海的钛及钛合金

◎ 钛合金让飞机飞得更快
◎ 钛制飞机发动机
◎ 钛在宇宙空间显神通
◎ 全钛壳体的核动力潜艇
◎ 钛合金让人类深入海底
◎ 水翼艇与钛合金
◎ 钛制舰艇推进器和推进器轴

第3章 可以上天入海的钛及钛合金

一、钛合金让飞机飞得更快

最初发明的飞机，飞行速度比汽车快不了几倍。后来，制造出越来越快的飞机，有一种飞机只要一刻钟就能够从北京飞到上海，而坐火车要走一天多！

飞机飞得快些，在军事上的价值是不言而喻的。所以，近年来各国都在努力制造更快的飞机。

要让飞机飞得更快，得过许多技术关，其中有一个重要的难关就是机翼发热问题。

飞机

飞机飞快了以后，机翼上的空气受到压缩，发出很高的热来，使飞机表面的温度急剧增高。飞行速度是声音速度三倍的飞机，它的表面温度大约能够达到500摄氏度，这个温度差不多有煤炉中发出暗红色火光的煤块那样热。所以有些航空工程师开玩笑说：飞机翅膀上可以炒鸡蛋吃！

过去的飞机多用铝制造，铝虽然很轻，但是不耐热，就是个别比较耐热的铝合金，一到摄氏二三百度也会吃不消。至于说用铝来制造500多摄氏度的飞机翅膀，那就跟想用马粪纸造汽车一样荒唐！

很明显，必须有一种又轻又韧又耐高温的材料来代替铝。钛恰好能够满足这些要求。所以，近年来军用飞机和民用喷气飞机都大量用钛做材料。这样，飞机就可以飞得又快又远。

自从上世纪50年代初期在飞机中使用钛以来，钛的用量不断增加，例如美国麦克纳德飞机公司于1951年设计的F3H飞机中大约使用了13.6千克的钛，占机

钛金属材料飞机

身重0.32%。1952年设计的F101飞机中的第一种类型机B52A上，使用299千克钛，占机身重0.8%；于1955年设计，1956年生产的第二种类型B52T上大约使用907千克钛，占机身重量的2%。

钛合金在飞机结构中的大量应用是上世纪60年代中期的事，在此以前用量较少。例如在美国的亚音速飞机中，波音707用钛81.6千克，占结构重量的0.3%；波音727使用了590千克钛合金，占机身重量的1.84%。波音737使用了约454千克钛合金，占机身材料的2.66%。而波音747使用的钛结构件重3700千克，占结构重量的9%。

钛在飞机机身中用作防火壁、发动机短舱、蒙皮、机架、纵梁、舱盖、倍加器、龙骨、速动制动闸、开裂停机装置、紧固件、起落架梁、前机轮、拱形架、隔框盖板、襟翼滑轨、复板、起落架支承梁、路标灯和信号板等。

为了使具有负重作用的起落架轻量化，采用轻量高强度钛合金替代高强度合金钢，这是飞机制造厂的长年课题。在20世纪90年代后期，波音公司B777型客机上最先采用钛合金锻件制造起落架的桁架。这种起落架的主桁架锻件是钛合金锻造品中最大级别的部件，在具有数万吨压力

波音747

的大型水压机上锻造成形。海面上飞行的飞机受到飒飒风吹，其结构件担心承受海水等盐分腐蚀，其表面应具有对海水的耐腐蚀性，与白金相并列的钛合金，可以说是最适当的材料。波音公司B757型、B767

波音B757

型、B777型飞机的驾驶席前面窗框完全采用钛合金锻件，乘客席前面的窗框则采用铝合金制造，因为驾驶席前面窗框需要能承受飞行中鸟类的撞击，所以要采用高强度钛合金锻造部件。

　　钛材作为部件使用时，有一点是必须注意的，那就是在高温状态下与大气中的氧和钛进行反应，不仅在表面上产生氧化鳞状的斑点，在其下方钛材表层氧扩散后形成非常坚硬的脆层。如果这种脆层在原封不动的状态下，反复地进行负荷时，则在很短时间内，具有发生裂纹，最终导致断裂的危险。为了防止这种危险性的存在，必须将这层切削除掉，要进行喷丸处理去掉氧化层，再浸入到氢氟酸与硝酸的混合液中，将此硬固层去除掉方可。

知识卡片

F111多用途战斗机的钛

　　这种飞机的高空最大速度为2.5马赫，低空最大速度为1.2马赫，总重30至32吨，每架飞机机身使用680千克的钛结构件，其中包括227千克的钛紧固件。这种飞机的JTF—20发动机使用了25%的钛。对于F111飞机的飞行温度环境来说，使用大截面退火钛合金比使用强度为155～164千克／平方毫米的钢更为有利。

二、钛制飞机发动机

第 3 章
可以上天入海的
钛及钛合金

用于推进飞机的发动机一般人称之为喷气式发动机，它比战斗机那样的军用飞机发动机在印象上是要强一些的，燃料经过燃烧后，因喷射气体获得推进力。另一方面，以低燃料费为第一优先的民用飞机发动机中，目前情况几乎都是涡轮风扇发动机这种型号，基本是使汽轮机前面的风机叶片进行回转，风机叶片将空气推向后方而获得反方向推进力。

最大离陆重量为340吨的B777型飞机上，装设有两台最大型发动机，最大离陆推力约为520kN／架。这样的飞机发动机是钛合金最重要的应用领域。如果在喷气式发动机的材料上能减轻1千克重量，那么整个飞机结构就可以减轻4～10千克，使用费用就可以节约500元到1000元。美国全国消费的钛有一半以上是用来制造喷气发动机的。钛在小型

喷气式发动机

亚音速喷气发动机中占重量的1/3。有人说，如果没有钛合金，那速度超过声速2．7倍以上的超声速飞机是很难制造出来的。

涡轮发动机、燃气轮机这种形式发动机由4个部位构成，从发动机前部开始，依次是风扇、压气机、燃烧室和汽轮机（透平机）。60年代，大推力发动机的风扇、压气机、

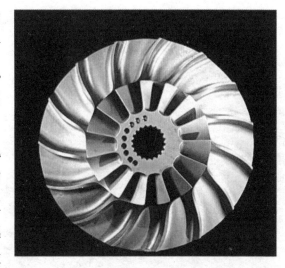

钛合金叶片和轮盘

叶片和轮盘也开始采用钛合金制造。目前，航空发动机上的零部件大部分都用钛合金制造。用钛合金代替不锈钢，发动机叶轮可减轻重量42%～52%。目前，美国30%的钛用来制造航空涡轮发动机。在最新式的喷气发动机中，钛合金已占全部重量的18%～25%。而在发动机的压气机中，钛和钛合金已占总重量的60%～90%。

在喷气式发动机中使用钛合金的好处是：使用在飞机发动机的中等温度部位时，钛比钢具有更高的疲劳强度、屈服强度和蠕变强度，较低的弹性模量，这样在疲劳载荷的情况下能够减少应力。钛合金的优异的抗大气腐蚀性能，能大大改善喷气发动机中的压缩性能。

增大发动机的推力、改善耗油率，要通过提高发动机的总效率来实现，其主要途径是提高涡轮进口、出口燃气温度。上世纪60年代初，在不采取冷却技术的情况下，涡轮进口燃气温度为925℃，目前美国的TF-39风扇动机的上述温度达到1260℃，提高了335℃。估计远程亚音速运输机的涡轮进口温度达到1140℃～1370℃，多用途战斗机的涡轮进口温度为1370℃～1650℃，而大马赫用发动机则可能达到1930℃～2000℃。

早期的涡轮喷气发动机飞机

早期的飞机其涡轮喷气发动机中压气机出口温度大约在200℃左右，应用负荷也不太大，因此压气机主要由不锈钢和铝合金制造。现在，先进的喷气发动机中压气机出口温度大约在300℃～400℃。

涡轮进口、出口燃气温度这么高，铝合金承受不了，不锈钢又太重，因此大都采用钛合金。

知识卡片

导弹用钛

目前国外大力发展多弹头分导的导弹，即一枚导弹有多个弹头，并且在命中以前每个弹头都可以有控制地分别飞向各个目标。这样就要求每个弹头上带有自己的小发动机作为动力，以保证按预定要求命中目标。为了增强弹头的机动性，要求这种发动机有多次启动能力。这种发动机往往采用最轻结构，在美国大多采用辐射冷却式的发动机喷管（喷管的一部分用钛合金制造）。这种喷管和双层夹壁结构的喷管相比，结构质量要小得多。所以在弹头、卫星或飞船上用来调整飞行轨道和控制姿态的发动机，几乎全部采用这种辐射冷却式喷管。

第**3**章
可以上天入海的
钛及钛合金

三、钛在宇宙空间显神通

火箭

"上天"对材料的要求非常严格，必须又轻又强韧。因为在起飞和降落的时候跟空气摩擦，会使材料受到"烈火"的考验；在宇宙空间中，是摄氏零下100多度的低温，在这样低的温度下，鸡蛋也会冻得和石头一样硬，所以要求材料必须在严寒中不发脆。钛恰恰能够满足这些要求。它的比重只有钢铁的一半，强度却比铝大3倍还多，在摄氏四五百度的考验下满不在乎，冷到摄氏零下100多度也还有很好的韧性。

因此，钛已经成为制造火箭、导弹、人造卫星和宇宙飞船的重要材料。在宇航工业上，常使用钛合金来制造火箭发动机壳件、人造卫星外壳、紧固件、燃料储箱、压力容器和飞船的船舱、骨架内外蒙皮等。因为钛合金从 −253℃～500℃范围内都具有很高的强度和韧性，既适应液体燃料液态氢和液态氧的低温，又适应高速飞行的高温。

大家知道，对于上天的火箭、导弹和宇宙飞船来说，重量问题实在是特别需要精细计较的。在火箭、导弹、宇宙飞船上使用钛和钛合金代替钢材以后，体重可减轻几十到几百千克，这样一点点的"减轻"就能很好改善它们的飞行性能。比如，在运载地球卫星的三级火箭中，第一级火箭减轻一千克，发射总量可减轻五千克；第二、三级火箭每减轻一千克，可以使发射总量分别减轻8千克、30～100千克。从技术效果来看，重量减轻可以提高火箭和导弹的发射性能。远程导弹每减轻一千克

阿波罗登月

美国航天飞机

就可以增加7.7千米的射程。末级火箭中每减轻一千克重量，则射程能增加15千米以上。从经济效果来看，末级火箭每减轻一千克可以节省燃料和节省建造及发射费用5400元。

当我们从电视上看到"阿波罗"宇宙飞船已把宇航员送上月球，并在月球上行走的时候，嫦娥奔月的幻想终成事实，人们无不为科学技术的迅猛发展而激动、欢呼，而"阿波罗"宇宙飞船使用的金属材料中，钛占50%。

将人送上月球的阿波罗号宇宙飞船是由飞船船体和"土星-V"大型火箭组成的。飞船重量50吨、火箭重量2900吨。飞船包括指挥舱、机械舱和登月舱三部分。飞船和火箭共使用了68吨钛制品。飞船的全部托架、夹具和紧固件都是用钛制的。飞船指挥舱、机械舱和登月舱三部分总共用了1190千克钛，连发射牵引装置的塔也是用钛制的。

航天飞机是一种可以重复使用的大型航天器。在它从太空重返大气层的时候，由于它的飞行速度高，与空气摩擦将使其表面温度上升到2000℃以上。为了使机舱里的温度正常，在航天飞机表面上覆盖了34000多块陶瓷片。即使这样，仍要求航天飞机表面的金属材料能在300℃左右的温度下重复使用，其机械强度没有明显降低。钛合金材料可在450℃以下重复使用100次以上，因此航天飞机的表面都用钛合金制成。所以说，钛是太空金属。

 知识卡片

α外罩体

钛材作为部件使用时，有一点是必须注意的，那就是在高温状态下与大气中的氧和钛进行反应，不仅在表面上产生氧化鳞状的斑点，在其下方钛材表层氧扩散后形成非常坚硬的脆层，一般称其为α外罩体。如果这种脆层在原封不动的状态下，反复地进行负荷时，则在很短时间内，具有发生裂纹，最终导致断裂的危险。为了防止这种危险性的存在，必须将这层切削除掉，要进行喷丸处理去掉氧化层，再浸入到氢氟酸与硝酸的混合液中，将此硬固层去除掉方可。

第**3**章
可以上天入海的
钛及钛合金

四、全钛壳体的核动力潜艇

有人手上戴着手表，表壳闪闪发亮，无论多久也不会黯然失色。为什么？因为表壳是用抗蚀性很强的镍铬不锈钢做的。

钛也有很高的抗蚀本领，不仅一般的冷水、沸水不能使它受害，就是硝酸、醋酸、稀硫酸、弱碱等等，对它也作用极微。

特别在对海水的耐蚀性方面，钛的能力更强，可与大名鼎鼎的白金相媲美。有人曾经把一块钛片沉到海底，五年以后，捞出来一看，照样亮闪闪的，没生一点锈。

大家都知道，船舰终年航行在茫茫的大海上，水下部分是必须除锈涂漆的，否则很快就会变成"破铜烂铁"。但是，如果用钛和钛合金来制造军舰、潜艇、船舶的部件，就可以避免这类麻烦和损失。

钛在民用船舶上主要用来制做凝汽器，因为钛制凝汽器可承受高流速的海水的冲蚀，又因钛制凝汽器使用的是薄壁钛管，这样，不仅减少了它自身的重量，同时也提高了热交换效率和使用寿命。

日本1.6万吨914号大型油船，在70年代已将透平凝汽器的上部改用钛管，该船至今使用情况良好。

在我国民用船舶上，大部分国产万吨轮都采用了进口的钛板式换热器，用于海水淡化和主发动机透平凝汽器上。另外在某些万吨轮上，还用钛制造了4米变径的钛管天线。

镍铬不锈钢手表

钛壳体的核动力潜艇

　　另外，用钛制造的潜水艇，重量减轻了，可比不锈钢制造的潜水艇潜水深度增加80%。后来，钛在舰艇上的应用有了新的重大突破。前苏联曾建造和试验了一艘全钛壳体的核动力潜艇。这艘核动力潜艇的排水量约为3500吨，既轻又快，时速高达74千米，最大下潜深度达到创记录的900米。这艘核动力潜艇还有一个优点是没有磁性，不需要担心磁性水雷的袭击。而当时美国海军最新式的核动力潜艇"洛杉矶号"，时速不到65千米，下潜深度也只有500米。

　　前苏联的这艘潜艇之所以具有如此优异的性能，其主要原因之一就是潜艇的壳体采用了钛合金。而美国目前潜艇的壳体仍然采用钢，美国现正奋起直追。美国海军用钛合金建成它的第二艘试验研究性深水潜艇，在海面下1200米深处能承受巨大水压的钢制潜艇，将重得浮不起

钛管

来，但是用相同强度的钛合金制造潜艇，重量将大为减轻，并有适宜的浮力。

目前，在我国现有的几艘核动力潜艇上，耐压壳体还没有使用钛材，只有某些关键部位上使用少量钛与钛合金材。今后，为了提高核潜艇的性能，海军有关部门正在着手研制钛设备，并准备更换那些重量大而又不耐海水腐蚀的铜或钢制大型设备。

钛潜水表

全钛渔船

日本钢铁公司、Toho技术公司和Eto造船公司三家联合建造全钛渔船，其长为12.5米，宽为2.8米，总质量为4.6吨，船壳采用厚度为2.5毫米钛板。全钛渔船质量轻、耐腐蚀、不需表面涂层、附着海生物易清理、减少维修费用。

第**3**章
可以上天入海的
钛及钛合金

五、钛合金让人类深入海底

人类一直向往着潜到更深的水下去探宝。

这样做，当然是有一定困难的。原因是海水越深，压力越大；在水深1000米的地方，海水可以把木材的体积压缩一半；在7600米的深处，空气会被压得像水一样密实；来到1万米深处的海底，压力将等于地面大气压的1000倍。人没有任何保护，光着身子潜水，深度一般不超过10米。潜水员穿着软潜水服能够下到100多米的深处，穿着用钢筒制成的潜水服可以到达300多米深的海底。如果要到更深的地方去，光穿潜水服就不行了。

潜水

钢筒制成的潜水服

　　从19世纪初到现在，人们想了许多办法，发明了各式各样的深潜器。第一个潜深球是1929年制成的，它是一个直径1.45米的钢铸圆球，球壁厚度32毫米。人们乘坐潜深球向海底进军：1930年下潜到435米，1934年下潜到923米，1949年已达到1375米。

　　但是，潜深球必须用钢绳系在船上才能在水里活动，很不方便。1948年以后，人们设计制造了一种能够独立行动的深潜装置——深潜艇，它有坚固的耐压壳，壳外还装配可减少航行阻力的外壳，能够经受深海的高压。潜水器自带推进动力，依靠浮体装置可以上浮下沉，通过发动机转动螺旋桨，能够在水面自由行进，也能在水下独立活动，这种深潜艇可分为载人潜水器和无人潜水器两种。载人潜水器下潜多数在2000米以内，无人潜水器下潜深度已达7600米。

　　有了这种具有水下观察和作业能力的活动深潜水装置，我们就能够直接观察海底地形、地貌、地物的细节，就能够借助深潜器上装备的机械手，进行海底打捞、取样和采集标本的工作，完成水下考察、海底勘探、海底开发等任务。人坐在艇内，不但自己可以直接探访海底世界，还可以通过水下摄影和水下电视录像，使更多的人看到海洋深处的各种情景。

近年来，潜水技术又有了新发展——采用钛和钛合金制造耐压壳体。如美国的阿鲁明纳深潜器，设计破坏深度为6750米，用铝合金（屈服强度=45千克／平方毫米）建造，壳体重量／排水量（W／D）为0.72；使用不锈钢（屈服强度=105千克／平方毫米）建造，W／D也为0.72；而使用钛合金（屈服强度=105千克／平方毫米）建造，W／D仅

深潜艇

为0.54，使用钛合金壳体，重量约减轻40%。又如阿尔文深潜器，若保持球形壳体不变，使用屈服强度相同的钢和钛合金（屈服强度＝70千克／平方毫米），则深潜器的工作深度分别为244米和4270米。若用钛合金代替钢，则同一深潜器能探索的海底面积增加80%。

美国海军在深潜器中使用钛合金构件。阿尔文－1和奥太司－1深潜器都使用了钛合金浮力球。浮力球用钛合金模锻成半球，机加工后焊接而成，外径604毫米，厚10毫米，最大重量53.3千克，工作压力2.1千克／平方毫米，破坏压力5.25千克／平方毫米。1965年将此球装在阿尔文深潜器上，已成功通过了200米深海的长期实用试验。

后来，美国海军用钛合金代替不锈钢，为阿尔文和奥太司深潜器制造了四个直径2.135米、厚76.20毫米的半球封头，两个直径812.8毫米、厚139.7毫米舱口盖锻件装成窗套，窗套和半球封头构成两个直径2.135米的壳体。其中一个壳体作耐压破坏试验，另一个壳体用作载人深潜器的耐压壳。该深潜器装在奥太司级潜艇上，下潜深度3660米，可提起1362千克的有效载荷。

知识卡片

勘察一号

1981年8月，我国首次设计、建造的深潜器母船"勘察一号"在东海海域完成了第一次作业试航，各项性能均达到了设计指标，"勘察一号"的研制成功，不仅将促进我国海洋调查及深潜技术的发展，并使我国的潜水技术从氮氧潜水发展到了氮氧饱和潜水，从而进入了世界先进行列。

第3章 可以上天入海的钛及钛合金

六、水翼艇与钛合金

在江河湖海上有很多船，您见过带"翅膀"的船吗？这种带"翅膀"的船就是水翼艇，它航行时，船身离开水面，像在水面上飞驶一样，显得十分矫健。

水翼艇是怎样发明的呢？原来，这是人们为了提高船艇的速度而采取的一种新的设计。船在水中行，水的密度大，船的阻力就大，前进速度就快不了。于是人们想到设计一种让船体部分或全部离开水面的船。

这些水翼船靠潜在水中的水翼支持而行。船底的薄片水翼在船停泊时完全没入水中，船开始运动时，水流经过弯曲的水翼，产生上举力，船走得越快，产生的升力越大，当水翼在水中升起时，把船体完全推离水面。由于阻碍消除，船的速度大大提高，行驶更为平稳。

水翼艇

水翼艇的发展大致分为两个阶段：

50年代和60年代初，是水翼艇试制并投入批量生产阶段。这期间，水翼艇主要是作为内河高速客船，吨位由9吨发展到100吨，航速35节左右。

60年代以后，水翼艇的发展方向是面向海洋，面向军用。水翼艇的吨位已达320吨。如1966年美国建造了一艘"普朗维尤"号水翼反潜试验艇，长64.7米，宽12.3米，排水量为320吨，最大航速达62节，持续航速为50节。此艇是自控全浸式水翼，水翼能旋转上翻到甲板上。船体材料是铝合金，它是美国海军中最大的一艘水翼艇。

80年代以来，虽然水翼艇的吨位没有明显增长，但其航速已达40~60节。有的国家还在研制80节的水翼艇。

水翼艇的水翼和支柱需在十分恶劣的条件下工作，除承受大载荷和冲刷以外，还有静海水腐蚀、应力腐蚀、高速海水冲刷腐蚀、空泡腐蚀

水翼艇在水上飞驰

钛合金

和腐蚀疲劳等，因而要求材料具有高的比强度和良好的耐蚀性能。不锈钢的高速（36.6米／秒）抗蚀能力与钛合金相近，而在中速（7.6米／秒）和低速（0.6米／秒）则劣于钛合金，水翼艇的结构材料在停泊时遭受静海水腐蚀，加速时受中等速度海水腐蚀，全速时受高速海水腐蚀。综合考虑了材料和上述三种情况下的腐蚀行为后，科学家认为钛合金最适宜作这种材料。

钛合金价格高，因而钛水翼建造的价格也较高。钢水翼本身造价虽然较低，但因需要涂层保护而提高了造价，而且维护麻烦。再加上水翼速度超过60节时，钛合金水翼的寿命超过20000小时，比钢水翼寿命长得多，所以钛合金水翼的总价格实际上比钢水翼的低。

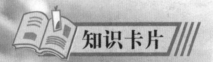

知识卡片

全钛船

1985年，日本东邦钛公司与藤新造船所共同建造了"摩利支天Ⅱ号"全钛制快艇，一段时间内在美国很畅销。1997年，日生工业公司制造的"泰坦快速号"快艇下水就航，船长约12米，船体形状是漂亮的三次元曲线，可最大减少航行阻力。江藤造船所分别于1998年和1999年制造了"第二朝日丸"和"昭丸"号两艘全钛船，优点是质量轻、速度快、发动机小、燃料费用少、二氧化碳排量少、不需要表面涂层、附着物易清理等，缺点是材料成本高、加工制造技术难度大、保护要求严。

七、钛制舰艇推进器和推进器轴

船欲运动，必须供给船舶一定的推力，以克服运动时所遇到的阻力，才能使船舶保持一定的速度航行，产生推力的机构称推进器。在造船的发展史上，曾先后引用过许多不同种类的推进器。从古老的篙、桨、槽、帆到现代的明轮、螺旋桨、喷水推进器和平旋推进器等。

螺旋桨推进器简称螺旋桨。它有构造简单、工作可靠、造价低、效率高等优点，得到普遍的公认，现代船舶极大多数皆采用螺旋桨。螺旋桨用螺母定在艉轴末端的锥面上，当艉轴在主机的带动下转动时，随之一起转动，由于桨叶是螺旋面，转动时便对水产生轴向推力，同时水也对螺旋桨产生反作用力，再通过轴系将反作用力传给船体，因而对船舶产生推动作用。

钛制螺旋桨

螺旋桨是船舶推进的重要设备。它受力大，受力情况复杂；结构特殊；与海水直接接触，腐蚀严重。因此，要满足螺旋桨的静平衡和动平衡条件，要求螺旋桨尺寸准确，表面光滑；阻水性好；强度、刚性大；耐腐蚀、韧性好等。

推进器如用钛合金制造，就可减小轴的直径、重量和提高舰艇的性能。如日本PT-1O号鱼雷艇，原设计用铝青铜轴，轴的直径95毫米，改用工业纯钛或钛合金制造，保持危险转速不变（1560转／分），轴的直径分别为85毫米和75毫米，重量分别减轻500千克和600千克。

目前，扫雷艇的推进器和推进器轴多用铝青铜和高强黄铜制造，这些材料是非磁性的，但电阻小，航行时因切割磁力线而产生的感应电流大，对扫雷不利，因而需要采用电阻大的非磁性材料。钛合金的电阻率比铜合金和不锈钢大得多，是比较好的待选材料。

扫雷艇

　　美国已试验用钛合金制造扫雷艇推进器，其价格比蒙乃尔合金的便宜。1964年，日本神户制钢厂生产的小型潜艇就采用了钛合金推进器轴并已交付使用。该轴直径200～300毫米，长6米，重100千克。该轴原来是用钢制造的。

　　美国航空公司制造的50吨研究型猎潜艇，已使用直径812.8毫米、

推进器

三叶片可拆式超空泡钛合金推进器。该推进器使用100小时，未发现有空泡腐蚀和缝隙腐蚀，航行中遭受蚝的冲击亦未发现多大损伤。

　　美国汉密尔顿公司用钛合金制造了两个直径1.52米的四叶片可拆式推进器，每个重337千克。该推进器安装在大型军用水翼艇"普兰维龙"号上。1966年建成的"阿希维尔"号高速炮艇的四叶片变螺距推进器，原用不锈钢制造，后来亦改用钛合金。

知识卡片

海水用配管和阀门

　　在船内发动机用的冷却水及消防用海水配管和阀门都是以铜管为主。使用管内喷涂钢管和不锈钢管，还是会担心发生腐蚀问题，所以提高耐腐蚀性是必须考虑的事情，如果与轻量化一起考虑，钛化就是一个方向。从费用对效果进行考虑，无论在任何方面，钛化优点是无限的，再从零维修费用来看，效果就更显著。

第**4**章

在工业上应用的
钛及钛合金

◎ 氯碱工业用钛

◎ 钛在纯碱工业中的应用

◎ 钛在海洋石油开采中的应用

◎ 钛在石油精炼中的应用

◎ 钛在尿素生产中的应用

◎ 钛材在农药生产上的应用

◎ 硝酸、硝铵、硫铵等行业用钛

◎ 真空制盐用钛

◎ 钛管在电站凝汽器上的应用

◎ 钛在电镀生产中的应用

◎ 钛在电解二氧化锰中的应用

第4章 在工业上应用的钛及钛合金

一、氯碱工业用钛

氯碱工业是重要的基本原料工业，其生产和发展对国民经济影响很大。氯碱工业是化工行业中用钛最早、用量最大的用户，这是因为钛对氯离子的耐腐蚀性能优于常用的不锈钢和其他有色金属。

目前，氯碱工业中广泛采用钛来制造金属阳极电解槽、离子膜电解槽、湿氯冷却器、精制盐水预热器、脱氯塔、氯气冷却洗涤塔等。这些设备的主要零部件过去多采用非金属材料（如石墨、聚氯乙烯等），由于非金属材料的力学性能、热稳定性能和加工工艺性能不够理想，造成设备笨重、能耗大、寿命短，并影响产品质量和污染环境。所以我国自

石墨

1973年以来，开始陆续用金属阳极电槽和离子膜电槽代替石墨电槽，用钛制湿氯冷却器代替石墨冷却器等，均取得良好的效果。

钛阳极是目前化工中钛的最大的单项应用。以前氯碱厂多使用石墨阳极，其缺点是寿命短，耗电多。多年来国内外生产实践证明，钛阳极有许多优点：钛阳极在生产中尺寸稳定，因氯气过电压低而寿命长，耗电耗汽少，产品质量高，生产能力大（产量有时能翻一番），劳动条件好。

例如上海一家化工厂使用的20平方米钛阳极电解槽，经有关部门鉴定认为，钛阳极与石墨阳极电解槽相比，具有以下优点：

● 生产能力提高近一倍。石墨电极电流密度一般为1100安／平方米，钛阳极的电流密度可达到2000安／平方米以上。

● 阳极寿命长。石墨阳极可使用半年左右，而钛阳极能使用4年以上。

● 节电15%，节汽5%。

● 产品质量好。石墨电极电解槽生产的烧碱呈红紫色，而钛阳极电解槽生产的烧碱是无色的，有机杂质含量少。

● 石棉隔膜寿命长。石墨阳极电解槽的隔膜只用3个月左右就要更新；钛阳极电解槽因无石墨碎粒堵塞隔膜，而延长隔膜寿命，可节约石棉，因而检修工作量也少。

此外，氯碱厂从电解槽中排放出来的高温湿氯气要经过冷却和干燥处理后方可利用。高温湿氯气可采用直接冷却和间接冷却。用水直接喷淋冷却，不但会产生大量含氯水，严重污染环境，而且氯气损失量大，硫酸消耗多，车间劳动条件差。不锈钢间接冷却器只能使用8～10天就需要停车修理，石墨冷却器的寿命也只有3个月左右。钛耐湿氯气腐蚀，年腐蚀率为0.0025毫米。在氯碱工业生产中使用钛冷却器，能使冷却和干燥工艺过程缩短，降低氯气的损失，减少对环境的污染，并为压缩气体稳定操作和达到高度干燥创造了条件。

氯碱的生产

在美国化学工业中，约有一半以上的钛用作氯碱生产的冷却器。美国阿里德化学公司，在氯碱工业生产中用钛代替石墨制作冷却器，原来石墨管使用2～3年即报废，钛管却可使用10年以上。使用钛薄壁管省去了在冷却器上镶嵌石墨的工作，并能承受极高的热传导。78平方米钛冷却器完成的冷却量，石墨冷却器需要140平方米。

知识卡片

氯碱工业

工业上用电解饱和氯化钠溶液的方法来制取氢氧化钠、氯气和氢气，并以它们为原料生产一系列化工产品，称为氯碱工业。氯碱工业是最基本的化学工业之一，它的产品除应用于化学工业本身外，还广泛应用于轻工业、纺织工业、冶金工业、石油化学工业以及公用事业。

第**4**章
在工业上应用的钛及钛合金

二、钛在纯碱工业中的应用

纯碱是最基本的化工原料之一，它直接关系到国民经济的发展。许多专家认为：衡量一个国家的工业水平，纯碱的生产和消费水平是最主要的标志之一。我国纯碱工业在解放后有了很大的发展，但是，纯碱工业的发展仍满足不了国民经济发展的需要，其增长速度低于国民经济的增长速度。1976年以后，我国由纯碱出口国变为进口国，而且进口量越来越多。1983年进口80万吨，1984年进口80万吨。到1990年，我国轻纺、轻工、食品、冶金、玻璃、化工等工业部门所需纯碱用量为370～380万吨／年。可见，纯碱供应缺口仍然越来越大。

纯碱

国家为了根本解决这一问题，花了巨额投资加速纯碱工业的发展。为了满足国民经济各部门对纯碱的迫切需要，国家花了近2亿元投资来搞纯碱工业的技术改造，此外还花了4亿多元对大连、天

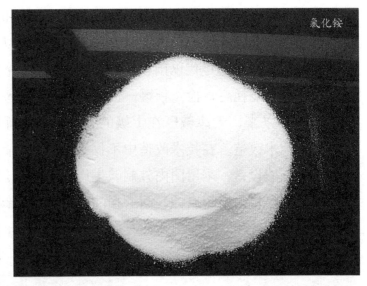

津、青岛三大碱厂进行恢复性大修，搞填平补齐，同时还扶持中、小碱厂。一方面，国家又花巨额投资对大连、天津、青岛、自贡和湖北等五大碱厂（产量占全国80%以上）进行技术改造和扩建。另一方面中央和地方合资新建山东潍坊、河北唐山、江苏连云港三大碱厂。

纯碱生产过程中气体介质多为氮气和二氧化碳，液体介质主要成分为氯化钠、氯化铵、碳酸氢铵，及其他含氯离子浓度较高的溶液。这些介质对碳钢和铸铁腐蚀很强，但对钛及钛合金的腐蚀率很小，甚至不腐蚀。根据国外的使用经验，在发生缝隙腐蚀处的设备表面采用钛钯合金涂层，或采用耐缝隙腐蚀的钛钯合金、钛钼镍合金等，均能防止管与管板联接处的缝隙腐蚀。因此我国从1975年开始了钛材的应用试验，在一些腐蚀性强的关键设备上采用了钛材替代铸铁或碳钢。在使用钛材的同时，对大部分工艺及设备结构进行了改造，因而取得了明显的经济效益。

天津碱厂从1975年开始试用钛材，是我国纯碱行业用钛最早、用量最多的厂家之一。合理应用钛材对促进技术进步、改善企业面貌、降低能耗、节约检修费用、提高经济效益有明显作用，在纯碱行业使用钛制设备也是当前增产节约、增收节支的重要手段。

天津碱厂设备、管线很多，其材质多为铸铁和碳素钢制造。由于生产过程中气、液介质腐蚀性很强，使钢材耗量很大，加之因1976年强烈地震的影响，在70年代以前该厂设备面貌落后，汽液泄漏严重，产品水、电、汽等能耗高，检修频繁，企业生产十分被动。

1979年以来，天津碱厂在上级的支持下，大抓震后恢复和扩建工作，着手技术改造。在技术改造中不仅采用了大型高效化工装置代替小型低效的陈旧设备，采用国内外制碱生产先进的工艺技术，同时特别注意在材质上尽量采用耐腐蚀、耐磨损的低合金钢和钛及钛合金替代铸铁和碳钢，使设备和厂区面貌大大改观。

天津碱厂

知识卡片

纯碱

　　纯碱学名碳酸钠，俗名苏打、曹达灰、碱面、碱灰等。白色非结晶物，易溶于水，水溶液呈碱性，有滑腻感。碳酸钠是重要的化工原料之一，广泛应用于轻工日化、建材、化学工业、食品工业、冶金、纺织、石油、国防、医药等领域，用作制造其他化学品的原料、清洗剂、洗涤剂，也用于照相术和分析领域。

第4章 在工业上应用的钛及钛合金

三、钛在海洋石油开采中的应用

世界石油资源的极限储量是10000亿吨，可采量约3000亿吨，其中海底储量约1300亿吨。因此，许多国家都在加紧研制海上石油开采设备。

海上采油设备主要包括采油平台和附属设备，附属设备有原油冷却器、升油管、泵、阀、接头和夹具等。这些设备均与海水及原油中的硫化物、氨、氯等介质接触。钢、铜及铜合金在这些介质中的腐蚀情况都比较严重。由于钛在海水中及原油中的耐蚀性优异，所以美国在70年代初就在北海油田用钛制造了近海石油平台支柱，同时用钛制造了列管式与板式换热器。钛列管式换热器利用海水作冷却介质，把从油井里刚抽出的高温汽／油混合物冷却。钛板式换热器也利用海水作冷却介质，把碳钢换热器内冷却原油的淡水冷却下来。目前，美国在这一海域的钻井平台上大约使用了100台钛换热器。

由于钛合金不仅耐海水腐蚀，而且还具有高韧性、高屈服强度和高疲劳极限，因而美国公司用钛制造海上浮动平台上的石油提升管路应力接头，用在设计中最苛刻的区域，即石油提升管基底处弯曲和挠曲最集中的部位。另

钛列管式换热器

海上采油平台

外，钛合金还用来制造海底出油管预应力提升架联结器的套筒，从而克服了钢制预应力提升架联结器疲劳寿命短的缺点。现在喀麦隆海洋工程已设计制造了世界上最大的钛提升管和最深的海底石油开采系统。

海上采油平台生物污染引起的结构件腐蚀也是相当严重的，在美国海区的采油平台上，已安装了用镀铂钛阳极电解海水制取氯气的装置，低浓度的氯可充分控制海生物污附。同时该平台还使用了用钛管制成的300米长的套管，以使氯气与海水混合，冲刷平台上需要保护的部位。

钛泵、阀、紧固件和零配件等小型钛部件，在国外采油平台上已广泛使用，国外海上石油勘探测井仪器外壳已大量使用了钛合金，测井深度已超过6000米。

我国的海洋石油工业已进入大规模勘探和开发并举阶段，现已与12个国家45个公司签定了33项合同，合作面积达14万平方千米，建造海上采油平台近30座。所有平台的结构件及平台上关键设备均从国外引进，国内材料应用甚少，据说平台还没有用钛的部件。

知识卡片

海洋石油开发小史

海洋石油的勘探开发始于19世纪末期。1890年，美国在加利福尼亚州南部海岸构筑栈桥钻探了第一口初探井。1920年，委内瑞拉在马拉开渡潮利用木制平台钻井，发现了一个大油田。1922年，苏联在里海巴库油田附近用栈桥进行海上钻探取得成功。1936年以后，勘探钻进技术发展很快，美国在墨西哥湾的路易斯安娜州离岸2.4千米处开始钻第一口深井，1938年建成世界上最早的海洋油田。

第**4**章
在工业上应用的
钛及钛合金

四、钛在石油精炼中的应用

在石油精炼过程中，石油加工产品与冷却水中的硫化物、氯化物和其他腐蚀剂，对炼油装置特别是低温轻油部位的常减压塔顶冷凝设备的腐蚀很严重，所以设备的腐蚀问题成为炼油工业的突出问题之一。

原油中含盐和硫的成分是该设备的腐蚀根本原因。原油中所含无机盐，如氯化镁、氯化钙、氯化钠等在加工中会发生水解，生成氯化氢，在蒸馏过程中随同原油中的轻组分以及水分一起挥发，一起冷凝。因此在轻油活动区的气相、液相，尤其是气液二相转变部位即所谓"露点"部位，产生严重腐蚀。具体腐蚀部位在常压装置的初馏塔、常压塔塔顶部及塔顶冷凝器。

石油勘探

炼油

国内炼油厂一般均采用碳素钢材，因此腐蚀更为严重，开工周期短，每年在这些部位的维修要消耗数百吨钢材。目前以工艺上采取"一脱四注"防腐蚀方法（原油脱盐和注碱、塔顶注氨和缓冲剂、塔顶挥发线注水）来减轻系统腐蚀及延长开工周期，但不能完全解决腐蚀问题。因此我国炼油厂采用钛材解决设备的腐蚀问题，延长了开工周期，提高了质量和产量，是设备技术革新的一个重要项目。

国外在塔顶冷却系统的塔体衬里、塔盘等部件及塔顶冷凝管束等一般采用蒙乃尔合金及海军黄铜等作耐蚀材料，但亦不能完全解决这个部位腐蚀。近年来美国、日本等国已采用钛材作为上述部位的耐蚀材料，取得了很好的效果，解决了上述部位的腐蚀问题。

1970年，日本水岛炼油厂开始采用全钛制热交换器，现已安装23台。钛制热交换器的价格约为不锈钢的2倍，其使用寿命在6年以上，与寿命只有2～3年的不锈钢相比，在经济上是有利的。日本在石油精炼业中约使用50台钛热交换器，平均每台热交换器用钛量为800～1000千克。

耐腐蚀材料

油和气的冷却使用了直接冷却和间接冷却装置。在直接冷却中，使用了列管热交换器，以海水为冷却剂。在间接冷却系统中，使用了碳钢热变换器，以淡水为冷却剂，再用钛管板热交换器中的海水来冷却这些淡水。辅助装置使用了钛制管状压缩冷却器、内冷却器、低压原油冷却器。自1974年以来，仅一家英国公司就使用了50台以上各种用途的热交换器。

国外炼油厂采用钛制换热器应用于原油初次塔顶分馏器、流化床焦化设备塔顶分馏器、乙醇胺再生器、脱硫产品冷凝器、脱硫塔顶馏出物分馏塔、丙烷冷凝器、原油塔顶馏出物冷凝器中，实践已证明钛管束、钛制浮头、钛壳体等设备具有很好的耐腐蚀性，取得了很好的效果，技术上是先进的。

目前，我国炼油厂设备腐蚀严重，而钛制设备尚未在这个领域中推广使用。鉴于国外石油提炼厂采用了各种钛制设备的一系列优点，选用钛材更新设备是合理的和先进的。

 知识卡片

日本的钛材生产

日本有11家钛材加工企业，其中最大的是日本住友金属工业、神户制钢和新日铁三大公司，它们几乎各占日本产量的1/3。日本的钛加工多以特钢联合生产方式运作，钛材应用主要是以民用为主。2007年钛材产量达到1.85×10^4吨，比2006年增长6.8%。

五、钛在尿素生产中的应用

第4章
在工业上应用的
钛及钛合金

尿素是一种高效、优质的氮肥，也可作为反刍动物的饲料和其他工业的原料，因此近年来国内外尿素生产的发展速度和规模远远地超过了其他氮肥品种。但是工业上采用的各种尿素生产方法，都碰到了腐蚀问题。这个问题一直影响到尿素装置能否实现稳定、持续的安全生产，能否降低消耗定额和设备的维修费用。

为了解决尿素生产中的腐蚀问题，许多人接连不断地花了半个世纪的时间，进行试验研究，直到1953年荷兰斯他米卡帮公司发明了往尿素合成系统加入0.5%~0.8%的氧，提高了不锈钢的耐蚀性能，这才基本上解决了尿素生产中的腐蚀问题。但是这种不锈钢的使用温度只能达到190℃，若超过这个温度，腐蚀速度会成倍地增加。这就限制了合成尿素的温度，使其转化率只能达到64%左右，从而增加了设备的尺寸和能量消耗。同时还需要往合成系统加入0.5%~0.8%的氧，这就降低了合成系统设备的容积利用率，易造成尾气爆炸和排放损失。而且这种不锈钢也还存在着各种局部腐蚀，特别是它的焊接接头的腐蚀更为严重。

为了进一步提高尿素用材的耐蚀性能，1957年日本东洋化工公司提出了《钛及其合金用作尿素合成系统材料的方法》的专利。通过多年来实际

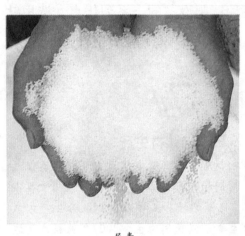

尿素

焊接

使用证明，用工业纯钛衬里的尿素合成塔和汽提塔，其使用温度达到了205℃，而加氧量分别从0.5%~0.8%降到0.2%~0.25%，在同样的使用条件下，其腐蚀率比不锈钢低一个数量级。所以钛是解决尿素生产中腐蚀问题的较理想的耐蚀材料之一。

目前国外已使用钛材来制造尿素生产中的合成塔、反应器、搅拌器、换热器、分离器和压缩机等设备。日本神户制钢厂制造了直径达1.9米、高15.6米、重100吨、日生产能力为500吨的尿素合成塔。

美国坩埚钢公司认为，使用钛制设备能提高尿素的工艺效率，因为钛制设备能在更高温度下操作。不锈钢在低温下具有良好的耐尿素腐蚀性能，但在此低温下的工艺效率很低，而温度每提高10℃，其腐蚀速率就增加一倍。因而在生产尿素的工厂，使用了钛列管式换热器和钛管道。

铂金坩埚

前苏联在尿素合成生产中，用钛制设备取代了不少不锈钢设备。在尿素合成工艺条件下，上述不锈钢的年腐蚀速度达7~15毫米，而钛仅为0.02毫米，并且随着熔融尿素中二氧化碳含量的增加，其耐蚀性也随之提高。在大吨位粉粒状硝酸铵高生产率设备中，用钛泵唧送80℃的硝酸、150℃的氮和180℃的反应混合物。用钛制的反应器、起泡器及管道来盛装和运送硝酸，使用一年后情况仍良好，但使用不锈钢材质很快就报废。

知识卡片

美国的钛材生产

美国有11家公司生产钛锭，30家公司生产铸件、锻件和轧制品，其中Timet、RTI和ATI三大钛材生产公司占美国钛加工材总量的90%。Timet是世界著名的金属钛生产商，自1996年先后兼并英国、法国、美国和德国的几家公司后，1997年又与法国的管材生产商合并，通过几年的兼并购买和联合后业务范围扩展到世界各地。该公司具有年产3×10^4吨熔铸能力，原来主要从事一般工业领域的钛材供应，后与波音公司签订航空用钛合金供货合同。RTI公司具有年产1.7×10^4吨熔铸能力，主要从事航空钛合金的生产，1998年前一直是波音公司的最大供应商。ATI公司具有年产1.3×10^4吨熔铸能力，有世界上最大的电子束冷床炉。

美国的钛材生产

六、钛材在农药生产上的应用

第 4 章
在工业上应用的钛及钛合金

六六六（即六氯环已烷）是一种杀虫力强的农药，虽然近年来我国已不生产，但在相当一段时间内它是我国的主要农药，最高产量占到全国农药产量的50%左右，在防治病虫害、发展我国农业方面起到了重要作用。

我国生产六六六是用工业纯苯和氯气在日光灯照射下连续反应生成合成液，再通过蒸馏结晶成熔融六六六，并经搅拌干燥后获得六六六原粉。生产过程中同时还产生氯苯和游离氯遇水产生的微量次氯酸、盐酸。由于工艺介质具有强烈的腐蚀性，所用设备如用碳钢、石墨、铅、玻璃、不锈钢制造，都不耐腐蚀。

合成液设备所接触的介质是：六六六溶液20%～30%，苯70%～80%，还含有微量次氯酸根和氯化物等。反应时的温度60℃左右，但由于合成过程是放热反应，为维持反应温度必须采取冷却措施。

九江化工厂原先使用玻璃冷却管，由于使用中管壁容易结垢，加之玻璃的导热性差，使得温度控制不稳定，造成合

六氯环已烷

成反应过程无法控制。同时玻璃易裂，更换频繁造成氯气逸出污染环境。1974年8月开始，该厂在六台合成釜中选用v型钛冷却管代替玻璃管，安装在离釜底300～400毫米处，使用几年后未发生腐蚀，冷却效果良好，使反应温度长期维持在60℃左右。由于钛管冷却性能好，只用8根钛管就可以代替原来的88根玻璃管。

贵州遵义碱厂在合成液冷却的工序中，原先使用铅盘管冷却器。铅不仅在加工使用中有铅毒，而且也不耐腐蚀，有的铅管仅使用一个月就被腐蚀穿孔，或在使用中变形。该厂选用钛制盘管冷却后，解决了腐蚀问题。由于钛管表面光滑，壁薄，在传热面积比铅管小的情况下，仍满足了工艺温度，使产量增加五分之一，质量稳定。

福州第二化工厂在氯化釜内使用了钛冷却蛇管，效果很好。该厂自1965年以来，曾使用过银管（纯度要求99.5%以上），使用效果也很好。但使用寿命约10年左右，且银的来源困难，便改用了铅管代替银管。

玻璃管制品

使用铅管并没有解决腐蚀问题，使用寿命一般为2～3个月，经常发生腐蚀穿孔，又因铅管重（该厂用的大圈铅盘管重达400千克），操作起来不方便。总之，铅管的使用不能保证生产正常进行。

自1976年以后，在氯化釜中使用了钛蛇管来冷却六六六合成液。实际使用表明，钛蛇管是耐腐蚀的，除蛇管的个别处发生了局部腐蚀穿孔外（补焊后重用），其余处完好。另外，钛管很轻，仅重48千克，更换容易。据统计，仅节约维修费用和更新费用达5万元，由于能够连续生产，产量增加所带来的收益十分可观。

钛盘管

中国的钛材生产

我国专业从事钛材生产的主要有宝鸡有色金属加工厂、沈阳有色金属加工厂钛镍分厂和宝钢上海五钢特种冶金公司。其中沈阳有色金属加工厂是最早生产钛材的企业，宝鸡有色金属加工厂是我国生产钛材的主要生产基地。我国60年代后期开始钛材加工生产，直到1985年产量才突破100吨大关，20世纪80年代后期和90年代年产量一直在1000～1500吨徘徊，近年来获得了快速发展。

七、硝酸、硝铵、硫铵等 行业用钛

第4章 在工业上应用的钛及钛合金

硝酸是基本化工原料，用于制造化肥、医药、炸药、塑料等多种产品。在国外，钛在硝酸生产装置中得到了广泛应用，并认为在温度高于50℃的硝酸介质中采用钛设备比不锈钢设备更经济。例如，钛制的硝酸蒸发器（40%硝酸，温度200℃），使用3.5年后检查，无论是钛材，还是钛焊缝，都没有发现有任何明显的腐蚀；而不锈钢制的蒸发器，使用6个月后必须检修。在硝酸生产中，采用了钛制氧化氮尾气预热器、硝酸蒸气预热器、气体洗涤器、快速冷却器、冷凝器、涡轮鼓风机、容器、泵和管道、阀门等，结果在经济上和技术上比用不锈钢效果更好。在浓硝酸和发烟硝酸中使用钛材时要注意：在硝酸中水含量小于2%，二氧化氮含量大于6%时，有着火和应力腐蚀开裂的危险。

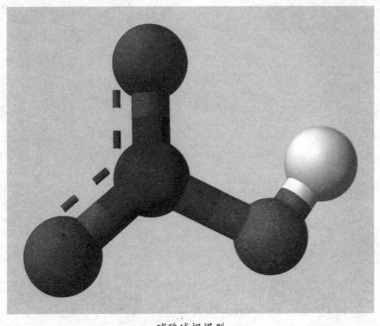

硝酸球棍模型

硝酸铵是世界上产量仅次于尿素的第二高效氮肥。在硝酸铵生产工艺中，高温的硝酸、氨、硝酸铵腐蚀性都很强。为了降低易爆性，加入了一些磷酸钾、硝酸镁、硝酸钙，腐蚀因素更复杂。通常采用的不锈钢制的设备易遭到腐蚀破坏。例如，不锈钢制作的鼓泡器在使用一年后产生腐蚀损坏，而钛制的鼓泡器仍完好无损。所以钛是制造中和反应器、鼓泡器、喷射器、阀门和管件的良好材料，但由于钛材价格较贵，国内硝铵生产装置采用钛材的厂家仍很少。

碳酸氢铵也称碳铵，是中性肥料。它通过水吸收合成氨，再通入二氧化碳碳化，生产碳酸氢铵，经浓缩制得。氨水、碳酸氢铵对设备有腐蚀作用。在碳铵生产装置中，输送碳化氨水和碳化母液的泵，原用铸铁叶轮仅使用一个月左右，用不锈钢叶轮也只能使用2~3个月。改用钛叶轮后，其使用寿命至少为铸铁的12倍、不锈钢的5倍。我国一家工厂钛

硝酸铵

制的氨水泵和异径管已使用10年以上，至今情况良好。因此，目前钛是碳铵生产装置中最耐腐蚀的材料之一。

钛在硫铵溶液中的腐蚀率低，优于普通不锈钢。我国在硫铵生产装置中使用了钛制硫铵蒸发器，经多年使用，情况良好。

泵

 知识卡片

各国钛材的应用

钛材的应用领域在各国差别很大，美国60%的钛材用于制造飞机，其中民用飞机占45%，军用飞机占15%；前苏联曾大量用于制造核潜艇；日本和我国则是大力开发钛在民用工业中的新用途。金属钛其中85%是在美国、日本、俄罗斯、中国、法国、英国、加拿大、德国和韩国使用。

第**4**章
在工业上应用的
钛及钛合金

八、真空制盐用钛

　　真空制盐是以井矿区的岩卤为原料，利用蒸发设备将岩卤液蒸发浓缩直接制取纯度较高的氯化钠。上世纪60年代到70年代中期，真空制盐的蒸发设备及辅助设备大多采用碳钢、不锈钢和钢材设备。由于盐卤中含有大量的氯化钠、氯化镁、氯化钾、硫酸钠、硫酸钙、硫酸镁等强腐蚀介质，在氨蒸发过程中，还存在氨气、氨水介质，因此制盐设备都遭受到严重的腐蚀。整个制盐行业都在"跑、冒、滴、漏"环境中维持生产，这就造成真空制盐产量低、质量低。由于真空制盐设备的腐蚀，从而使设备寿命大大缩短，有些设备只能使用几个月，最多的不过一两年。据统计，一个年产30万吨盐的企业，每年因腐蚀损失的钢材就达100多吨。

　　由于上述原因，我国有关部门在1975年开始研究钛在真空制盐工业中推广应用问题，同年第一批钛挂片在盐矿正式投入试验，近一年的试验取得了令人满意的效果。从1977年到1983年，湖南省湘澧盐矿共使用

真空制盐厂

约60吨钛材制造了各种设备20多台，用在真空制盐预热、预冷、氮蒸发等工艺流程中。经过20多年的应用考验，现在这些钛设备仍基本完好如新。

在这段期间，四川省大安盐厂也用钛制造了一台全钛加热室，用在真空制盐一效流程中。在使用中，不到一年曾发生了缝隙腐蚀事故。为此我国有关部门又针对真空制盐一效加热室的材质进行了一系列的研究工作，这时期的工作主要以研究钛合金在氯化钠介质中的耐腐蚀性能及模拟性应用试验。试验结果表明，在高温氯化钠溶液中钛合金具有比工业纯钛更优良的抗腐蚀性能。另外该合金经过试验后，气体含量、机械性能、显微组织也无明显的变化。

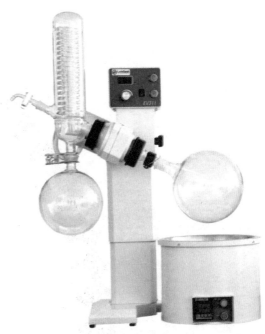

氮蒸发仪器

1985年3月，真空制盐行业首台一效钛合金加热室在湖南湘澧盐矿正式投运，现在已运行20多年，钛合金管未发生任何腐蚀现象。1987年第二台一效钛合金加热室在四川省邓关盐厂投入运行，现已运行20多年，状态良好，产盐量比过去提高20%以上。

由于钛合金加热室在真空制盐一效部分应用成功，为真空制盐应用钛合金积累了经验和数据，目前自贡大安盐厂、五通桥盐厂都已确立在真空制盐一效系统采用钛合金制造加热室。

除上述真空制盐厂确立的钛合金设备项目外，营口盐化厂从瑞士引进15万吨精制盐项目，其中制盐的蒸发部分已确立选用纯钛，共用钛材及复合板材约80吨。湖南湘澧盐矿准备将真空制盐二、三、四效全部改用钛材，以实现制盐设备材质配套。

钛合金的螺丝

镍精炼设备

　　高压酸浸出法制镍是用耐压反应罐，将镍矿放入其中，在高温高压下，促使其与硫酸进行反应。此时在耐压反应罐内，除硫酸之外，还存在从矿石里浸出的氧化金属离子及氧化物。钛在通常情况下对硫酸的耐腐蚀性低，但由于此时所存在的是弱氧化金属离子，所以具有优良的耐腐蚀性，另外，钛对氯化物也具有良好的耐腐蚀性和耐酸蚀性，因此综合来看钛作为最优秀的材料而被采用。

第4章
在工业上应用的
钛及钛合金

九、钛管在电站凝汽器上的应用

　　20世纪60年代以前，国内外发电厂凝汽器管材，均采用铜合金管。铜合金的致命弱点是耐腐蚀性差。尤其是滨海电厂采用海水作冷却水，海水中氯离子含量高，海水受到污染后含有硫化物，海水中存在大量的海洋生物和泥砂。所有这些使凝汽器分别遭到不同程度的酸性腐蚀、溃蚀和砂蚀。

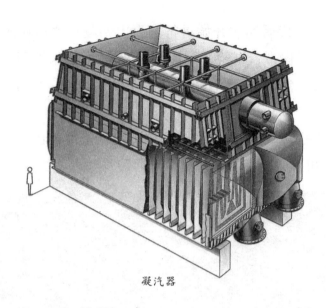

凝汽器

由于这些腐蚀现象的存在，使凝汽器发生腐蚀泄漏，导致发生停电和锅炉爆管事故，给国民经济和人民生活带来了严重的影响。因此，铜合金管不能适应滨海电厂冷却水质的要求，迫切需要寻找一种耐海水和污染海水腐蚀的材料。

钛具有优异的物理机械性能，密度小，比强度高，耐腐蚀，尤其能耐海水及污染海水的腐蚀，对于海洋生物、堆积物都有很强的抗蚀性能。另外，钛对于凝汽器的空抽区的氨腐蚀有优异的抗蚀性。

早在20世纪50年代末到60年代初，国外就开始对电站凝汽器用钛进行了试验研究，开始比较早的国家有美国、法国、日本等国。到70年代初，钛在电站凝汽器上实现了工业化应用。截至2010年，全世界电站装机容量约20亿千瓦，其中火力发电站500多座，装机容量约为17亿千瓦，采用钛凝汽器的约占30%以上。目前在核电站上使用钛凝汽器较多的国家有：美国38座、法国21座，日本17座、瑞典12座。

国外特别重视在核电站上使用钛凝汽器，主要是因为核电站对凝汽器安全运行的可靠性和寿命要求更高，钛是比较合适的材料。美国、英国、法国、日本等国家凝汽器上都采用焊接钛管。

我国于70年代后期才开始进行滨海电站凝汽器用钛的试验研究。经过插管试验、模拟台试验，到1983年9月，我国采用国产钛材自行设计，制造的第一台l2.5万千瓦发电机组全钛凝汽器，在浙江台州电厂投入运行。

到目前为止，我国滨海电站已有9个电厂采用18台全钛凝汽器，还有6台是部分用钛的凝汽器，共用钛材近700吨。

滨海电厂

铜合金

纯铜呈紫红色，又称紫铜，具有优良的导电性、导热性、延展性和耐蚀性。铜合金是以纯铜为基体加入一种或几种其他元素所构成的合金，主要用于制作发电机、母线、电缆、开关装置、变压器等电工器材和热交换器、管道、太阳能加热装置的平板集热器等导热器材。常用的铜合金分为黄铜、青铜、白铜三大类。

第4章 在工业上应用的钛及钛合金

十、钛在电镀生产中的应用

电镀是对金属或塑料的表面进行装饰，防止腐蚀，而且可以加强耐磨性和提高反射能力的一种加工工艺。在机械制造业、仪表制造业、航空工业及船舶制造业中，在日用品的生产以及医疗器械和各种设备的制造中，金属镀层都得到了最广泛的应用。

但是，在我国电镀生产中，由于电镀液加热工艺不合理，或因加热设备和其他一些设备腐蚀没有解决，影响了电镀的产量和质量，也消耗了大量的能源和材料。同时，还由于电镀废水处理工艺不合理，对环境造成了严重的污染。

上世纪60年代初，美国就开始采用钛制加热器、阳极网篮、薄膜蒸发器等应用于电镀生产中，取得了很好的效果。钛制加热器有下列优点：钛耐腐蚀、寿命长，初步估计10年以上；传热快，加热效果好；钛管强度高，不怕碰撞；对产品无污染；提高了劳动生产率和减少了维修费用。钛阳极网篮具有下列优点：钛耐腐蚀，寿命长，预计10年以上；机械强度高，不怕碰撞；不污染溶液，对产品无影响。

电镀切片

电镀生产过程中产生的废水一般含铬、氰、酸、碱和重金属离子，如铜、锌、镉等。我国由于废水处理工艺不合理，电镀废水排放到下水道和江河，对环境造成严重的污染和危害。如人体内吸收0.1克氰化物能造成急性中毒甚至死亡，水中含有0.04克氰化物能造成鱼类死亡，人体内吸收铬酐能引起鼻癌和中毒死亡，镉中毒潜伏期长达10~30年。因此，为了将电镀废水中的铬酐、氰化物和重金属离子进行循环利用，消除电镀废水的污染，近几年来国内外研究了钛管薄膜蒸发器应用于电镀废水回收处理，取得了很好的效果。

据报道，美国印第安纳州一家金属工艺公司在镀铬自动线上，采用了钛蒸发器处理回收电镀废水。在使用钛蒸发器之前，每天用铬酐68~90.7千克。当使用了钛蒸发器后，一个月仅用了77.1~90.7千克，每年可节约10000美元。另据报道，美国国家标准五金锁公司在氰化镀铜线上，采用了连续式蒸发装置回收碳酸盐，大约每年可节约50000~60000美元。该厂还采用钛蒸发器应用于电镀自动线上，进行废水处理回收，几年来生产实践证明是成功的。

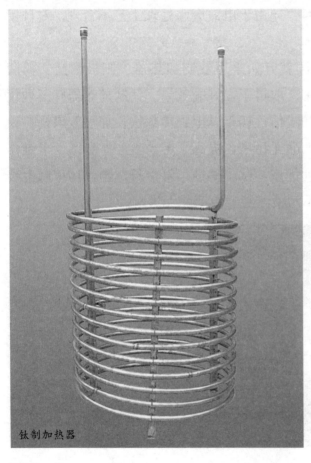

钛制加热器

在国内，采用蒸发法处理电镀废水也得到了迅速发展。上海自行车三厂、广东电镀厂、北京按扣厂、苏州电镀厂等单位，先后采用钛管薄膜蒸发器回收处理镀铬、镀镍和酸性镀铜废水，都取得了良好效果。

电镀废水

 知识卡片

电镀的方法

电镀的方法是用镀件作阴极，镀层金属作阳极，含镀层金属阳离子的溶液作电镀液。例如给铁件镀铜时，用铁件（用酸洗净）作阴极，铜片作阳极，硫酸铜溶液为电镀液。电镀的特点是阳极参加了反应，被逐渐腐蚀，在电镀过程中，电解液浓度保持不变。电镀可使金属增强抗腐蚀能力，增加美观和表面硬度。

十一、钛在电解二氧化锰中的应用

第4章 在工业上应用的钛及钛合金

电解二氧化锰是一种新型的电化学工业产品，为粉状物，呈棕黑色。它与矿产天然二氧化锰相比较，具有纯度高、活性强和吸附性大等优点。电解二氧化锰是锌锰干电池的高效去极化剂，是染料工业强氧化剂不可缺少的原材料，在化工生产中作催化剂、玻璃工业中作脱色剂等，在磁性材料工业中取代高纯度碳酸锰也是大有作为的。

自从1866年锌锰电池问世以来，随着科学技术的发展，对使用二氧化锰的质量要求越来越高，而长期使用的矿产天然二氧化锰的质量无法满足要求。近几十年来合成二氧化锰工业迅速发展，其中电解二氧化锰（EMD）产量在二氧化锰总产量中占绝对优势。

二氧化锰

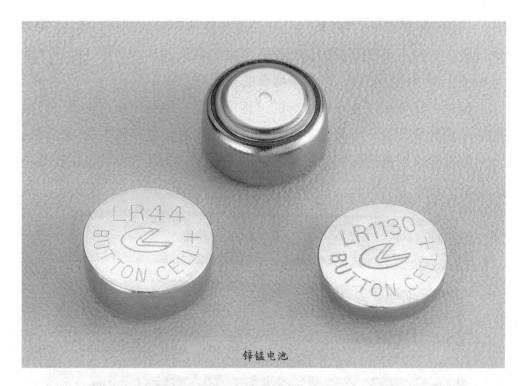

锌锰电池

生产电解二氧化锰的主要国家有美国、日本、西德、西班牙、南非、前苏联和法国等国家。我国从1965年开始发展电解二氧化锰工业，目前主要有8家厂生产，总生产能力约1.7万吨。

为了提高电解二氧化锰的质量，选择阳极材料具有十分重要的意义，我国最先采用铅合金阳极和石墨阳极。由于铅合金阳极的强度低，不耐蚀，易使产品含有大量的铅，影响了电池的放电性能和贮存性能，一般不再使用。采用石墨阳极时，不仅脆性大，而且难于剥离产品，不耐腐蚀，劳动强度高，使用寿命短。

70年代初，日本的金属矿业公司开展了钛阳极应用的研究，使电解二氧化锰的产量和质量都提高了。实践证明，钛阳极的使用，是电解二氧化锰生产的一次重大技术进步。据资料介绍，1984年世界各主要国家电解二氧化锰总产量约16万吨，其中有4万吨是用钛阳极生产的。1985年的产能20万吨，有1/3是用钛阳极生产的。

我国湘潭电子厂1973年9月开始进行纯钛阳极的试验，经过130多次试验，对应用纯钛阳极的工艺积累了大量数据。从1974年开始在工业电解槽上使用纯钛阳极，取得了显著的技术经济效果。

但是，在使用纯钛阳极生产的过程中，发现纯钛阳极在使用一段时间后出现钝化现象，导致槽电压升高，电耗增大，使用效率降低。国内外对改善纯钛阳极的抗钝化问题做了不少工作，取得了一定的成效。

钛阳极片

电解原理

电解质在溶液中电离后，在直流电的作用下，阴、阳离子分别向两个电极移动，被溶解的物质会分解，这就是电解。它是化学中经常运用的步骤和方法，用来分离和回收溶液中化合物的成分。电解原理在工业上有着广泛的应用。许多金属(如钢、镁、铝等)都是用电解法得到的。氯碱厂就是用电解饱和食盐水溶液的方法来生产烧碱、氯气、氢气等重要化工原料的。

第 **5** 章

走进日常生活的钛及钛合金

第5章
走进日常生活的
钛及钛合金

一、建筑和装饰用品上的钛

建筑用钛已有30多年的历史，有几百座建筑物的应用实例。目前，日本、美国、中国、英国、法国、德国、西班牙、荷兰、比利时、瑞士、瑞典、加拿大、秘鲁、新加坡和埃及等国家均有建筑物使用了钛。

钛作为建材应用始于1973年，其用钛实例最初为日本大分县佐贺关街的早吸日女神社的屋顶，其后规模较大的是希腊巴特农神殿，在近代公共建筑物方面的应用有东京电力馆的屋顶等。日本在建筑装饰上用钛技术处于世界领先地位，在这方面拥有了成熟的技术，积累了丰富的经验。1986～2003年间，日本用钛材总量为2162.6吨，583个项目，其中298项为屋顶，用钛1413.6吨；127项为幕墙，用钛627.8吨；其他158项，用钛121.2吨。1995年是建筑用钛的鼎盛时期，年用钛量为294吨。2003年有11个建筑项目用钛，年用钛量为21.6吨。

哥特式建筑

作为全球最大的钛公司，美国Timet公司为了推动钛在建筑领域应用的进程，不仅能提供各种各样的产品，而且还提出了100年的质量保证。Timet公司于1997年10月为西班牙毕尔巴鄂·古根海姆博物馆的外壁提供外装饰钛板，成为欧美建筑用钛的先驱。Timet公司还与新日铁（株）合作，致力于开拓日本国外建筑用钛市场。

在日本以外的国家，法国阿布扎比机场屋顶选用了钛，结构用钛量将达800吨，这是世界上第一个机场用钛作为建筑物结构材料的范例。纽约一家公司大楼的露天咖啡馆的内装也使用了钛。此时，一股大型建筑物采用钛的热潮正向我们走来。

钛合金管

中国钛在装饰领域中的应用最早始于宝鸡钛业股份有限公司，厂区喷水池设置了钛的熔滴标志性雕塑。1987年由该厂制造的钛雕塑"海豚与人"，作为宝鸡市河滨公园一个重要景观，用钛量约一吨。两年后又为北京海洋研究所制造了同样的"海豚与人"的钛雕塑。1999年，宝鸡有色金属加工钛设备制造公司，为邢台市中心广场设计制造了大型钛雕塑"乾坤球"，该雕塑总高为6米，全部用钛制造，用钛量约2.5吨，底座内安装有传动装置，使球体每15分钟转一周。2001年4月，该厂又制造了大型钛雕塑"雄鸡报晓",为宝鸡市步行街增添一处新景观。该雕塑属抽象派作品,整体高度8.2米,鸡翅膀长达1.8米,质量达2吨多。因采用了氮化技术,表面呈现金黄色。

我国的国家大剧院(人民大会堂西侧)作为世界顶级剧院,其设备均为世界一流水平。国家大剧院由主体建筑及南北两侧的水下长廊、19.8万平方米地下停车场、3.55万平方米人工湖、绿地组成,总占地面积11.893万平方米,其中国家大剧院总建筑面积16.5万平方米,总投资25.5亿元,成为新时代的标志性建筑。由法国建筑师保罗·安得鲁主持设计,整个建筑最醒目的就是大屋顶,由金属板和玻璃幕墙组成。金属板选择钛作为椭圆形拱取的包层,其屋面结构由内及外为钢结构椭圆形壳体、隔音层、保温层、防水层、外装饰层(已采用日本新日铁的钛复合板制作屋顶),总面积为3600平方米,使用钛材60吨。

杭州大剧院坐落在钱塘江新城南端,临江而立,是杭州市的标志性建筑之一。其总占地面积10万平方米,建筑面积5.5万平方米,其中包括歌剧院、音乐厅、多功能厅、下沉式露天剧场和室外文化广场。由加拿大设计师卡洛斯·奥特主持设计,采用椭圆形开放式方案。后屋盖金属幕墙系统采用了钛金属板,使用工业纯钛板6000余块,重160吨,先于国家大剧院成为国内第一家大型建筑上面积最大用钛最多的工程。

钛在建筑领域的开发和应用,一定会推动我国钛工业的发展。

 知识卡片

抗菌钛建材

钛材除了作为屋顶使用外,还被大量应用在临海建筑物的墙壁、装饰及有纪念意义的标志性建筑物上。除此以外,还开发了抗菌钛建材,不仅能利用紫外线的催化作用使之具有抗菌抗霉性,而且能分解有机物的臭味,防污及减少氮氧化合物形成,期待着能作为房屋内、外装饰材使用。

国家大剧院

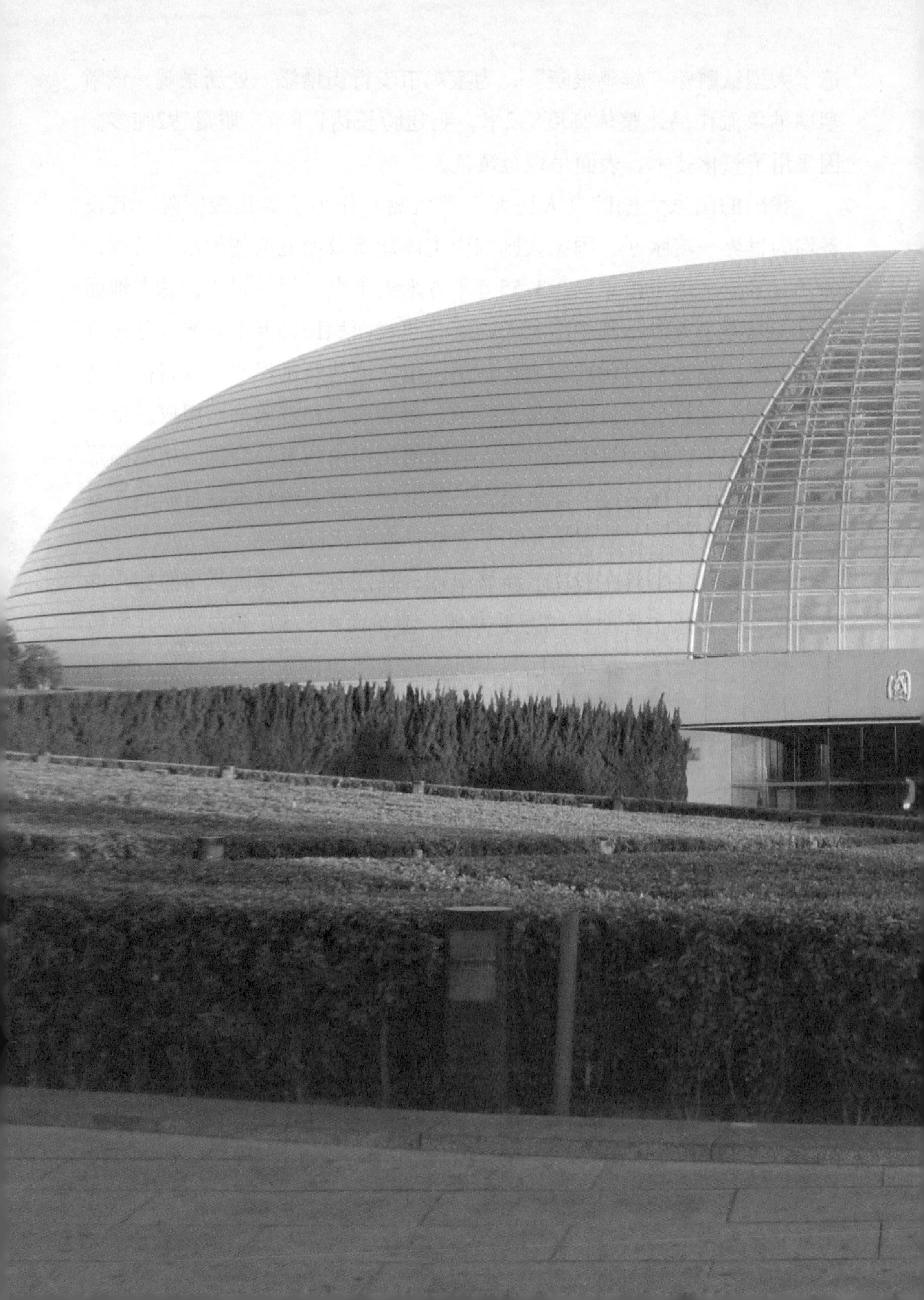

第5章
走进日常生活的
钛及钛合金

二、钛制高尔夫球球杆

一听到高尔夫球，即使没有打过球的人也知道那是在一大片青草地上打小白球的一种体育运动。

关于高尔夫球的起源有各种各样的说法。根据中国体育史研究人员的研究结果，中国元代的游戏"捶丸"与今日的高尔夫球极其相似，包括场地、器材、规则等。因此，国内部分学者认为，高尔夫球的起源即为中国古代的"捶丸"。

当今世界上比较普遍的看法是，高尔夫球的起源为欧洲中世纪时期放羊人玩的一种游戏。它的原型是用棒子打小石子，基本规则为在小石子飞出前决定好目标，设好洞孔，然后针对目标比赛，看谁的打数少，以分出胜负。因此，与以比赛得分多少而决定胜负的网球、棒球等不同，高尔夫球的打数越少，成绩也就越好。

过去，高尔夫球只不过是一些国家社交的手段。现在，高尔夫球已成为在全世界70多个国家开展的大宗体育比赛项目。现在世界上建有24000条比赛线路，参加此项运动的人数超过4000万人。高尔夫球在英国、美国和日本开展得最为广泛。世界上最著名的高尔夫球赛事主要有英国公开赛、美国名人公开赛和欧洲巡回赛。

高尔夫球球杆由"杆头"、"握把"和"杆柄"三个部分组成。击打球的部分称为"杆头"，手握的部分称为"握把"，两者的连接部分称为"杆柄"。以前，高尔夫球球杆的种类按照"杆头"构成材料可分为碳制（或木制）和铁制两种。现在，钛合金可用作高尔夫球杆，这种钛球杆比现今使用的球杆具有更大的抗扭转力，同时不发生震动。

打高尔夫球的人总希望用球头更大的球杆打球。钛的密度小、强度大，可以在把球头做得更大，同时不会增加球杆的总质量。在广泛的试

高尔夫球运动

验中，高尔夫球手用钛球杆头比用标准加大的钢球杆头的击中率平均可提高20%，而且击球距离有所提高。

美国在高尔夫球方面的用钛量1996年为4800吨，1997年为5000吨，1998年为1500吨，1999年为900～1300吨，2000年为1200吨。1998年，高尔夫球用钛量已从1996～1997年高峰时期的4800～5000吨下降到1500～2000吨，究其原因有外在的，也有内在的因素，但钛在这一非航空领域中的应用已成定局。

自从1990年3月，日本公司首次在世界上销售钛制球杆头的高尔夫球杆以来，揭开了钛制高尔夫球杆的序幕。这家公司与川铁合作，水野与三菱材料合作，使钛高尔夫球杆实现产品化。

日本最早于1981年开发了金属高尔夫球杆头，体积为150立方厘米，小于柿木球棍头，但击球率极高。从此，进入了金属球杆头时代。

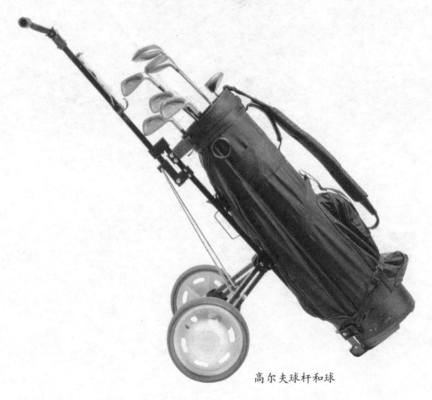

高尔夫球杆和球

在20世纪90年代中期，是使用铝的全盛时期。铝不能作为球杆头材料长期使用的主要原因是因为耐蚀性差，必须对其进行表面阳极氧化处理，但因其表面硬度不高，持久性能问题也就难以解决。

采用轻质金属的一大优点是可以制造更大的球杆头，高级球杆头的体积达400立方厘米，从而能显著地扩大轻易击中的位置，即球与球棍头潜在的击中位置。高尔夫球杆的空心头部采用失腊熔模铸造工艺生产，可以用钛合金铸造。

1997年春，美国一家公司在高尔夫球杆头上使用了钛合金，达到了很好的效果。使用后，球杆头的击球面变薄，控制了球的变形，并防止能量损失，加大了飞程。

从此，钛在高尔夫球杆头上的应用迎来了春天。

金属球杆头

钛金

氮化钛（钛金）颜色近似真金，涂镀于陶瓷表面金光灿烂，具有极佳的装饰效果。钛金镀层耐蚀、耐磨，可长久不脱落、不变暗，且价格较真金低廉得多，代替真金用于日用陶瓷、工艺陶瓷、仿古建筑及古建筑修缮、户外铭牌匾额等，可使产品物美价廉。

三、其他体育用品领域的钛

钛材作为尖端的科技材料，具有强大的性命力，根据对市场的研究，在2000年世界钛加工材应用构成比例中飞机用钛占41%，工业用钛占48%，新领域用钛占11%，其中，7%为体育用品。由此可见，钛在体育用品领域的应用正在迅速兴起。

钛制网球拍具有弹性面积大、控制球的性能和持久性能好等优点。这种球拍网格比钢制的细，所以空气阻力小，汗水不会使其表面失去光泽。

钛制网球拍在日本于1977年开始出售，但当时的网球拍还是以木制或铝合金制为主流，如同高尔夫球棍一样，也对其提出了减重的运动性能要求。因此，在网球拍和棒球棒上采用钛就应运而生了。

目前网球拍上，主要是以将纯钛制的网埋入球拍框架内的方式来使用钛材。这样，不仅提高了网球拍击球的瞬间惯性力，在球即使未

钛制网球拍

击到球拍中心部位时，也容易将球击出。近年来，日本钛制网球拍市场需求量呈上升势头。钛网由于深埋入球拍的托架内，增强了球拍的打击力，受到玩家好评。现在，日本几乎所有的网球拍生产厂家都在出售钛制网球拍，占到网球拍市场约一半的份额。各厂家为了划分档次，在网球拍的手柄部位还采用了钛镍超弹合金材料及镀膜加工工艺等方法，以此来开发钛的新用途。日本UEX公司正在进行网球拍用新型钛纤维材料的开发应用，该合金为具有超弹性功能的形状记忆合金，在负载下即使变形，外力消除后就会立刻恢复原形。将此材料埋入球拍手柄的左右两侧，在击球时，可明显增加反弹力。

与网球拍一样，为满足羽毛球运动爱好者的要求，现已开发了球拍框架用纯钛、长柄用钛合金、全钛制的羽毛球拍，并已商品化。目前市场上也出现了由钛合金制成的台球弹击杆。总的来说，钛合金具有比强度高、抗腐蚀、弹性模量低而阻尼性能好等优点，是体育用品行业非常受欢迎的材料。

钛镍合金材料

钛制运动水壶

登山和滑雪用具正在朝着轻量化、小型化的方向发展，具有密度小、强度高、低温下强度不降低等特性的钛材，作为优越的登山和滑雪用具材料，已广泛使用，如钛合金登山棍、登山鞋底钉、销钉、滑雪杖、冰刀等。由于钛导热率低，能减少外部热量传到冰雪的内部，具有能抑制冰溶化的特征，所以钛制用具深受滑雪、攀冰爱好者的欢迎。

钛制体育用品还有：击剑防护面罩、宝剑、钓鱼竿、钓鱼用绕线架、赛艇零部件、田径赛跑鞋底钉、钛合金按摩球等。钛还可以减轻登山运动员攀岩用紧固件的质量，最新研制的钛合金已用于登山用的鞋底钉及其他登山工具。钛的冲击性能本来就很好，在低温下更好，它在大气中不生锈，所以是要求具有高强度及低温韧性好的登山用品。

探险及出游、长途徒步旅行、攀岩、野营等活动中，应尽可采用轻质、高强、耐用产品，如勾环、吊钩定位枪、定位销、压板、悬崖吊钩、锚眼和紧固件等；炊具如锅、盆、水瓶、餐具勺叉、燃料瓶、帐篷杆等物品，均应采用钛材制造。

目前，我国体育用品用钛还处于起步阶段，工艺、技术与国外先进水平还有很大差距，生产设备还比较落后，投资与宣传还远远落后于美国、日本等发达国家。实践经验告诉我们，钛在民用领域的广泛开发与应用，可以使钛工业真正具有广泛的市场基础，也会保证世界钛工业长期稳定的发展。

 **知识卡片**

钛制炊具

日本横滨小田工业所等最近开发了钛锅，与传统的铁锅相比很轻，如铁锅厚为1.2毫米、直径360毫米时为1275克，而同样大小的钛锅为755克。铁锅使用期为0.5～1年，而钛锅至少可用3～5年，而且洗净简便。

钛制炒勺与铁制炒勺相比，其质量在1/3以下。在中国烹调菜肴中，炒菜时，把蔬菜放到炒勺内，要将炒勺内的菜边炒边翻腾，要多次将炒勺举起，如果炒勺太重，消耗体力就大，使用钛质炒勺就轻便多了。还有钛锅和钛炒勺热导率小，与铝制炒勺相比，热量可以局部集中，也是优点。

第5章

走进日常生活的
钛及钛合金

四、钛照相机上显身手

190多年前，像乔治·华盛顿或托马斯·杰斐逊这样的历史伟人肖像不是用照片保存的，而是通过绘画才让后人可以一睹他们的风采。19世纪20年代，法国医生约瑟夫·尼埃普斯发明了日光反射摄像。19世纪30年代，用银碘感光板来摄影，使摄影技术提高了一大步。英国发明家威廉·福科斯·塔尔伯特发明了"固定"银碘的方法，使照片对光和影不再发生反应。1888年，美国人乔治·伊斯特曼发明出了胶卷和小盒子照相机。

从此，玩照相机不仅仅是一种时尚，也极大地丰富了人们的生活，把稍纵即逝的美好时刻长久地保留下来，成为现代文明的重要组成部分。

照相机

彩色箔材

最早的照相机结构十分简单，仅包括暗箱、镜头和感光材料。现代照相机比较复杂，具有镜头、光圈、快门、测距、取景、测光、输片、计数、自拍等系统，是一种结合光学、精密机械、电子技术和化学等技术的复杂产品。

照相机行业用钛首先从快门幕开始。日本光学工业公司于1959年在尼康SP及尼康F上采用纯钛快门幕。那时，在3毫米幕帘快门照相机上，使用橡胶幕或橡胶幕和布的复合材料以及不锈钢箔材快门幕。尼康F的纯钛箔快门幕，是将钛薄板轧制成25微米箔材，将中间压花处理，以便保持强度和防止擦伤，并把表面处理成黑色，加工成为厚50微米的幕帘。使用这种快门幕的声音特别小，即使在剧场使用也能得到很好的使用效果。

钛涂层照相机

后来，其他品牌照相机如佳能、美能达、奥林巴斯、京陶也都相继采用纯钛箔快门幕。1982年，在尼康FM2上用钛蜂窝结构的纵行快门，质量轻、强度大，实现了超高速1/4000秒的快速快门，要比以前照相机的速度快一倍。后来，钛快门被铝快门所取代，铝快门速度达1/8000秒。

早在1978年，专门为了日本大学北极探险队制造的尼康P2照相机，该相机壳体的上下盖、前后盖采用了钛冲压件，由探险家植村自己携带到北极圈零下40℃～50℃的寒冷天气使用，其效果良好。由于机壳体耐低温、耐振动及冲击、牢固耐用，所以受到了新闻界的青睐。1990年底，首台全钛外壳的袖珍型照相机制造出来了。此外，佳能、美能达、富士、京陶也都采用钛壳体。

另外，在海中摄影的相机壳体上使用钛，也取得较好效果。钛壳照相机代替铝壳和不锈钢壳照相机，很好地解决了在深海中耐腐蚀、耐压等问题。

知识卡片

钛质纪念牌

钛质纪念牌是一种较高级的纪念品或馈赠品，采用粉末冶金方法制造，通过氧化着色，具有金、红、黄、绿、蓝、青、褐等各种颜色；通过浸香处理，还可以散发出不同的香味。因其内部和表面具有大量的微小孔隙，可以浸入各种不同的香料，使之缓慢挥发，持续地散发出香气。即使香料挥发殆尽，只要将液体香料滴或涂在表面便可自然吸入孔隙中，重新放出芳香气味。

五、钛广泛应用于眼镜架

第5章
走进日常生活的钛及钛合金

"黑夜给了我黑色的眼睛，我却用它寻找光明"。眼睛是心灵的窗口，关于赞美眼睛的词汇不胜枚举。我们都期盼有一双明亮、敏锐而正常的眼睛，但由于种种原因，我们的视力不好了，或为了矫正视力，或为了保护眼睛，或为了体现时尚，或为了突显个性，于是，眼镜诞生了。

眼镜由镜片、镜架组成。镜片、镜架的形状及材质等的变化，是随着时代的变迁和新材料、新工艺的发明、发现而变化的。

眼镜，具有鲜明的时代特征和时代艺术品象征，在一定程度上讲，眼镜的发展历史，反映了人类的文明史和科学技术的进步史。

从镜片的功能看，它能改变眼睛的屈光度、调节进入眼睛的光量，起到矫正视力、保护眼睛和临床治疗眼病的作用。而眼镜架的功能，除了为眼镜片配套，构成眼镜，供人们配戴外，它还具有美容性、装饰性。

眼镜架常用材料一般分为金属眼镜架材料、塑料及合成眼镜架材料（包括天然材料）和混合材料眼镜架材料。金属眼镜架是把镜身的主要部分由金属材料制成的眼镜架。金属材料是最早被应用于眼镜架的材料，主要经历了铜合金（黄铜、白铜）—不锈钢—镍合金—纯钛—钛合金—形状记忆合金等发展历程。

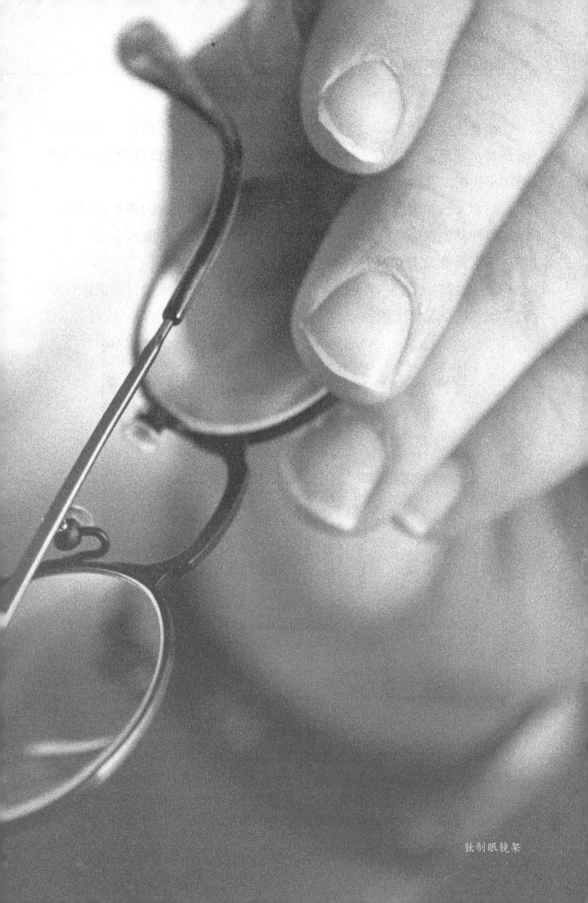

钛制眼镜架

钛及钛合金材料属太空材料，因其质轻、耐腐蚀性良好、韧性高、熔点高、稳定性高，对人体亲和性好（仅极少数人对钛过敏），从20世纪80年代初，开始应用于眼镜架行业。

初期，钛制眼镜架以加工钛为主，为了提高加工钛的强度、弹性、焊接性等其他性能，在纯钛（钛含量达到99%以上）中加入了铝、钒、钼、锆等其他元素，形成了钛合金。

虽然钛材加工技术难度大，但其附加值高，所以成为目前的流行趋势，现已广泛应用于眼镜架。

抛光辊

知识卡片

钛制CD机壳体

日本爱华AM-HX200迷你CD机首次采用全钛制壳体。壳体采用纯钛冲压成形，其尺寸为72.2×78.8×13.7毫米，钛材厚度顶部为0.8毫米，底部为0.6毫米，质量仅为84克。银灰色的钛壳体手感柔和、坚固、不易划伤，而迷你CD机比原有的CD机更小，更轻，体积仅为原CD机的2/3左右，携带更方便。

六、走近我们的全钛手表

第5章
走进日常生活的
钛及钛合金

一提起手表，人们就会想到瑞士，这不仅因为瑞士是欧洲乃至全球制表业的中心，还在于瑞士拥有世界上最多的知名手表品牌。不过，手表的诞生却得归功于英国人。在1899年的布尔战争中，士兵们出于便利及防止表盘面的反射光暴露自身位置，就将袋表绑在手腕上。不久之后，手表逐渐进入了人们的日常生活。在100多年的发展中，手表经历了材质、款式的千万变化，也经历了从高端奢侈品向大众化的蜕变。如今的手表，除了原始的计时功能外，还是一种独特的文化符号和"体验性"消费品。

瑞士手表

手表在诞生之初相当昂贵，但仍深受富人们的青睐。腕上戴一块手表不仅方便计时之用，而且还能显示主人的尊贵与富有，这在手表的历史中算是一种"古典"的传统时尚。直到现在，手表依然保持着特有的矜持与傲慢。

　　伴随着科技的进步，手表的演变也呈现出不同的风格。一方面，它结合了新时代的科技元素与时尚风格，由贵族式的装饰品向大众消费品方向发展；另一方面，它还保持着传统的奢侈品的形象与内涵。传统的精密机械手表材质高档、做工考究，有着厚重的文化积淀，是财富与地位的象征。而将科技与时尚融合起来的运动型或时装型的电子表，透着时尚与前卫的风格，这无疑是对新事物充满好奇与追求的青年人的首选。

手表心脏

手表是人们日常生活中的必需品，传统的手表材料有黄铜镀锌和奥氏体不锈钢。钛作为手表材料，是从高档防水、带计时功能的体育手表开始。日本的钛手表是由西铁城和精工两大厂家，同时把高档钛体育手表投放市场的。

日本钟表公司从1972年开始研制全钛手表，为了将钛材应用于手表，在30年的研究过程中，科研人员解决了几大技术难题：压力成形技术，切削加工技术，焊接工艺，耐磨处理工艺，生物相容性。现代钛手表已具备以下特点：质轻，比强度大；表面硬度是不锈钢的2倍；耐人体汗液的腐蚀，无过敏反应。

20世纪90年代初，首批全钛手表进入市场并且价位较高，但高价位维持不了很长时间，由于产量增加，工艺改进，手表外壳可采取熔模铸造、板材冲压成型和粉末冶金方法制造，价格相应降低，全钛手表已由高档手表转向大众化。

钛家具

日本胜利公司最先用钛制作了家具，并于1985年5月在家具零售店举行了展销会。展出的家具有椅子、书桌、书架和箱柜等。这些产品经过精心加工制作，不仅具有实用价值，而且像工艺品一样具有欣赏价值，摆设在室内显得十分新颖高雅，使人赏心悦目。

钛合金家具

第5章
走进日常生活的钛及钛合金

七、钛制计算机更耐用

　　在当今社会中，电脑已经成为现代人必备的工具之一。它在人们的学习、工作甚至生活中，为使用者带来了极大的方便，极大提高了现代人的生活质量和工作效率。而笔记本电脑，作为个人电脑小型化的产物，更使电脑的功能和应用得到了极大的扩展，堪称电脑这个现代工具之王头顶上的皇冠。

　　笔记本电脑的功能和台式机完全相同。但同台式机相比，它具有体积小、重量轻、携带方便的优点，非常适合于工作场合不固定的用户使用。不足之处是通常使用的锂电池一般只能供电4~5小时左右，然后

电脑

笔记本电脑

就必须充电。另外由于其集成程度较高，很难像台式机那样自行更换配件，与相同配置的台式机相比，价格也更高一些。但随着笔记本技术的不断发展，其不足正逐渐得到改进，日益成为电脑用户的理想选择。

美国的苹果计算机公司2001年1月推出了一款新型笔记本电脑。该电脑不仅具有先进的性能，而且其外壳是用钛制作的。虽然有很多笔记本电脑都自称采用了钛外壳，但一般都是镀钛，而这台笔记本电脑则采用1级工业纯钛做外壳，这也是目前世界上第一个用纯钛做外壳的电脑。电脑整体厚25.4毫米，重2.4千克。钛用于电脑外壳，在钛业和计算机行业都具有很大的影响力，1月份的订单已超过2万份。交货的钛外壳颜色为灰色，通过氧化着色，可将钛外壳变为红色、紫色和黄色。苹果公司推出的这台钛外壳电脑能够挑战日本索尼公司采用镁合金外壳电脑，不但具有美观的外形，而且还具有优良的性能。

IBM公司生产的Think Pad A系列和T系列的笔记本电脑机壳均使用了钛基复合材料，不但提高了机壳的强度和抗震性能，而且可使电脑更薄、更轻。日本富士通公司采用纯钛制造了小型A5尺寸、890克轻量笔记本电脑，1999年该公司又在笔记本电脑的外壳上使用了钛合金。

钛也是计算机行业中做硬盘驱动器的材料，钛和铝材相比，具有强度高、无磁性以及高温热稳定性好等优点，可增加磁盘的储存容量。

钛手机壳

台湾明基电通推出了钛金属手机M770GT，强调金属原材料本身高贵独特的质感。采用纯钛作为手机外壳的材质，质地轻、结构强、手感好、能加工成超薄的机壳。明基电通积极尝试将通信科技与精品设计相结合，把M770GT打造成手机中的经典，这款手机曾在2002年10月北京举行的"中国国际通信设备技术展览会"上展出。

第**5**章
走进日常生活的
钛及钛合金

八、自行车和轮椅车用钛

我国是一个自行车的王国，年产量为5000万辆，目前还是以普通自行车为主，高档车主要为铝合金车，钛合金车还只是样品阶段。

钛最早于20世纪80年代中期开始在自行车上应用。自行车减轻质量，对于比赛用车特别重要。一般自行车使用36根幅条，而钛自行车仅用24根幅条，不仅减轻了质量，而且减少了风的阻力。钛合金制造的车架代

自行车

替高强钢，使自行车轻量化。钛车架主要由工业纯钛和钛合金管材加工而成。美国一家公司生产钛车架平均质量为1.5千克，每台售价为2800美元。钛制车架比铬钼合金车架轻，更舒适，使用寿命也更长。意大利一家公司已经利用钛及钛合金制造竞赛用自行车的多种零部件，包括封装变速机用销、左旋螺母、无销曲柄轴、前后轮毂轴、左右脚蹬轴等。

近年来，钛自行车在我国取得了很快的发展，现在北京、上海、广州、宝鸡等城市已有批量供应钛合金自行车车架及零备件的公司。钛自行车车架选用钛合金管材，采用目前国际流行的手工氩弧焊工艺，品质已达到国际高档自行车产品水平。据报道，宝马牌钛合金自行车售价在8万元左右，另有运动型变速车出售，价格在1200～4000元不等。

上海有色金属研究所于2002年生产了7.5吨自行车用钛合金管材，销往美国、意大利。目前，我国已有几十个钛自行车生产厂家，不论在数量上还是在品质上都达到了一个全新的水平，产品行销欧洲、美洲、亚洲、澳洲等几十个国家和地区，在世界钛自行车市场中占有重要的一席之地。

轮椅车架材料与自行车车架基本一样，现在主要是铝、碳纤维、钛和钢等材料。轮椅车架要尽可能的不倾侧，但不倾侧的车架就会引起行驶时发涩，生硬的车架经常导致三只轮子触地，这是因为地面不平或是车架对称中心面不完美造成的。而三只轮子着地又导致轮椅不能很直地行驶，也不容易操纵。正确设计的钛轮椅能靠扭转灵活性来改善牵引、操纵，从而缓解使用者的疲劳。钛还具有回弹能力，尽管钛合金的密度较大，但具有弯曲特性，使之与铝合金一样有吸引力。它的较低的弹性模量与铝合金车架相比，更具有灵活性，从而增加驾驶者的舒适感。

轮椅市场在许多方面不同于自行车市场，最重要的差别是目前只有少量钛轮椅车架在生产，大多数

钛合金的自行车架

是用有缝工业纯钛管材生产的，轮椅总用钛量约为15吨。

目前，在美国只有少数公司有足够的研究经费开发钛轮椅或购买材料。与较便宜的铝轮椅相比，钛轮椅的优点不多，现在除了钛螺钉螺栓外，钛轮椅部件业还未形成。虽然有市场，但很小，只包括少量的消耗部件，至今市场规模不到100万美元。

大多数有关钛合金在特殊应用中的适用性研究，一直是航空生产者开展的工作，自行车工业不能够也不愿意在研究方面投资。因此，钛生产厂商如果想提高市场份额，必须认识到长远发展来自引导，同时，大力支持此类消费产品的设计过程，形成战略伙伴关系，将自行车和轮椅车用钛推向前进。

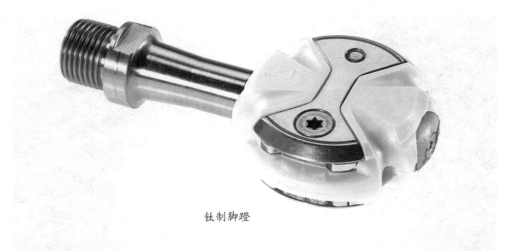

钛制脚蹬

知识卡片

乐器用钛

20世纪90年代美国和日本都制造了钛鼓，声乐效果深沉、庄重，是木质结构所不能比拟的。该鼓除了音质效果外，还有优美的外观。不仅鼓的主体用钛外，还有一些部件以及指挥棒也采用了钛制作。

九、医学补形方面用钛

在人体内，因外伤、肿瘤造成的骨、关节损坏，往往不得不使用钢板、螺钉、髓腔针、脊柱矫正器、人造骨、人造关节等来建立起稳定的骨支架。这些器件长期甚至终生留在人体内，一方面受到外力如弯曲、扭转、挤压和肌肉收缩力的作用，同时还必须长期受到人体组织中体液的浸蚀作用。过去使用的牙托粉、聚乙烯、聚丙烯、有机玻璃等材料的强度低，易折断，异物反应也较大。后来改用不锈钢，但不锈钢比重较大，约为人体骨骼比重的两倍，而且在人体内受体液作用会出现腐蚀和

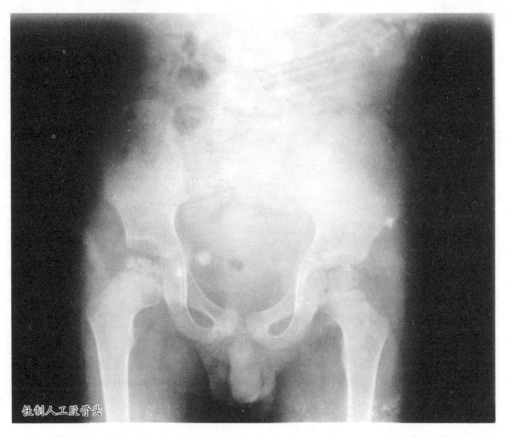

钛制人工股骨头

钛网

断裂。钛和钛合金的比重小，和人骨的比重相近似，强度大，机械加工性能好，耐蚀性能优异，是一种理想的医用金属材料。

1950年英国使用钛制作人工股骨头，日本也由用镍铬合金改用钛合金作人工骨关节。1958年以来，英国使用数以百计的钛盘和补形器件。实践证明，以前凡是用不锈钢和钴基合金制成的各种类型的外科用插入工具，均可用钛来制作。

日本用钛代替其他材料来制造补形器件，效果良好，他们还用钛合金和钛制造了髋关节。

人的大腿骨因患外伤或不能治愈时，可用金属钛人造骨骼来代替。日本神户制钢所用高强钛合金的型锻制品作成大腿骨，大腿骨头部的球形必须经抛光处理。由于钛的比重小，即使这种球形部分为实心的也比其他材料的轻些。

上海华山医院

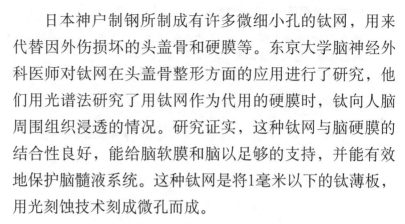

日本神户制钢所制成有许多微细小孔的钛网，用来代替因外伤损坏的头盖骨和硬膜等。东京大学脑神经外科医师对钛网在头盖骨整形方面的应用进行了研究，他们用光谱法研究了用钛网作为代用的硬膜时，钛向人脑周围组织浸透的情况。研究证实，这种钛网与脑硬膜的结合性良好，能给脑软膜和脑以足够的支持，并能有效地保护脑髓液系统。这种钛网是将1毫米以下的钛薄板，用光刻蚀技术刻成微孔而成。

北京积水潭医院、中国人民解放军总医院、上海人民医院、上海华山医院、天津医院、沈阳骨科医院、西安第二军医大学附属医院等几十家医院，从1972年开始先后进行了钛及钛合金人造骨与关节的临床应用与研究，他们用钛制内髋关节（包括股骨头）、膝关节、肱骨头、肘关节、掌指关节、指间关节、下颌骨和人造椎体等，临床治愈了上百个病例。

知识卡片

钛材制造的心瓣

美国活性金属公司提供了一种用以制造主动脉瓣的钛材，外科医生把用这种钛材制造的心瓣放在适当位置而不必进行缝合。这家公司制造的这种心瓣，采用了一种特殊的插入工具，将心瓣放在规定的位置，然后用许多针永久固定起来。同时通过插入工具使针与周围的组织连接起来，心瓣设计使用32-56根针，所用针数取决于心瓣的大小。瓣片和瓣笼是用手动机床车削钛块而成的，然后经过抛光。选用钛是因为它在人体内有极高的抗蚀性，同时它适用于任何的杀菌方法。

图书在版编目（CIP）数据

图说活跃的金属小将——钛 / 左玉河，李书源主编 . —— 长春
：吉林出版集团有限责任公司，2012.4（2021.5重印）
（中华青少年科学文化博览丛书 / 李营主编 . 科学技术卷）

ISBN 978-7-5463-8853-3-03

Ⅰ . ①图… Ⅱ . ①左… ②李… Ⅲ . ①钛－青年读物②钛－少
年读物 Ⅳ . ① O614.41-49

中国版本图书馆 CIP 数据核字（2012）第 053532 号

图说活跃的金属小将 —— 钛

作　　者／左玉河　李书源
责任编辑／张西琳　王　博
开　　本／710mm×1000 mm　1/16
印　　张／10
字　　数／150千字
版　　次／2012年4月第1版
印　　次／2021年5月第4次

出　　版／吉林出版集团股份有限公司（长春市福祉大路5788号龙腾国际A座）
发　　行／吉林音像出版社有限责任公司
地　　址／长春市福祉大路5788号龙腾国际A座13楼　　邮编：130117
印　　刷／三河市华晨印务有限公司

ISBN 978-7-5463-8853-3-03　　　　定价／39.80元